白茶

淡香清韻，乃茶中隱者

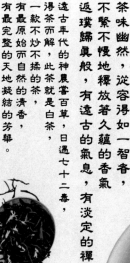

茶味幽然，從容得如一智者，不緊不慢地釋放著久蘊的香氣返璞歸真般，有遠古的氣息，有淡定的禪味遠古年代的神農嘗百草，日過七十二毒，得茶而解，此茶就是白茶，一款不炒不揉的茶，有最原始而自然的清香，有最完整的天地凝結的芳華。

秦夢華——著

清涼降火
治皮膚病
治牙痛

降血脂

降血壓

降血糖

抗輻射

抗腫瘤

抗氧化

崧燁文化

目錄

第一章　神農，上古的白茶，可是這味？

── 白茶的歷史淵源

第二章　憑海而居，或依山而臥 ── 福鼎、政和

目錄

第七章　品飲白茶，身通而心暢 —— 白茶與養生

第八章　記憶一點點沉澱 —— 白茶的儲存

第九章　滿地翠英，心落哪方 —— 如何挑選白茶

目錄

附錄

後　記

喝一杯茶

今天的風有點作狂，已是深夜，還拍得窗瑟瑟的響，12月的天氣是徹底涼透了，有些寒氣逼人，屋裡雖有暖氣，還是感覺到寒冷。聽窗外的風聲，睡意了無，便將五千年的事在腦裡翻轉。想一路走過來所見的風景，古絲綢路的驚嘆，雲南的村寨，福建的海和山，還有小時候的渡船……想著想著，就到了我的茶生活，從小時候父親教我待客禮茶，到現在布各樣的茶席，為茶友沖泡一道心儀的茶，幾十年，斷斷續續，茶隱隱中竟然是穿引的線，讓我的生活充滿歡欣與恬淡。

今天想認認真真地聊聊茶，說說茶的枝枝末末，卻不知從哪裡開始，就像面對一個已熟知多年的老友，猛一讓我描述，就需硬生生拽我到遠處，遠遠地看才見全容。這才知，因為熟知卻無需用眼，只需感受它的存在和溫暖。靠近，再靠近，卻不知它在哪裡，我又在哪裡。只感到，這多年的相隨，無論苦樂，無論愁喜，茶容我，茶亦鑑我，品茶味，品己心。每見一葉茶在水中舒展，而我又將各種情緒拋給它，它依然靜靜釋放它的香，它的甜，心裡只是感嘆：一葉可作舟矣。

喝一杯茶

近十年，每日與茶相伴，更多的是一種安定和滿足，幸福的含義在我認為是一種沒有波瀾的平靜，而且還以這樣的平靜當一種享受的佳境。捧一杯茶，燃一炷香，聽一段輕柔的音樂，時間靜靜流淌，呼吸也緩沉起來，每每這時，便有一個願望，希望有人與我分享，一同感受這樣的喝茶時光，又希望，更多的朋友能感受到茶的心性，把茶作為自己一生的好友，它是如此坦率，又是如此寬容。常常和茶友聊我的「心靈之茶」，很希望每個人都能找到它，它不需要很完美，只是在你看書的時候會陪著你，在你深夜寫作的時候會暖著你，在旅行中，心感漂泊的時候撫慰你，這杯茶便是你的「心靈之茶」，這一縷茶香便是你心靈棲息地的一陣清風。

其實，對各種茶，我沒有厚此薄彼的分別，每一種茶都有它獨特的魅力。鐵觀音的蘭香，讓嗅覺和味蕾有一種前所未有的震撼；普洱的陳韻讓你不由地追憶往事，那年那月的那些事；紅茶的情韻更有不可抗拒的魅力；綠茶，又讓人回到清新的純真時代；

岩茶呢，它的岩骨花香是艱難歷練後的驚喜；它們都是絕色的。但無論它們怎樣的姹紫嫣紅，心底卻總有一幅圖畫，是我童年稚嫩的記掛——隱隱約約的花園和找尋丟失的味道，那個夏日，樹蔭下有一掬清涼，那一杯若即若離的茶與水，還有一飲而盡後的甘甜和清爽，這便是白茶了，清清淡淡，無需過多的言表，如同翻過險峰後看到的一湖寧靜。

喝茶，想來是件俗事，開門七件事，柴米油鹽醬醋茶，茶便列為生活必需品之中，人們用大碗沖泡，用鍋來煮，大壺悶，各式的喝茶方法都有，茶只是一種健康的飲品，一想到茶，很親切。

但若用心去品鑑茶，感受不一樣的茶味，感受茶內心的歡騰，因茶得安因茶得樂，喝茶時，談詩、論畫，賞器、品香，潤心神、敘舊話……這

茶已經不是俗物了，乃世間的仙品，天賜的。

　　俗也罷，仙也罷，只說都為了養身，前者的養身是無意識的理性，而後者卻是有意識的的感性。茶確是有很多的功效，對身體有益，然而，對於很多人，茶養身的重要功能之一是養心，讓節奏慢下來，再慢下來，生活的紋理日漸細膩，如茶。自然而從容，是茶人的無字名片，這些年，越來越覺得，懂得茶的人最懂藝術，每一次布茶席如同畫一幅布景，每一次行茶如同藝術的表演，而這一切，又是渾然天成，自然如水，美的極致不過是繁和簡的恰到好處，自然而不覺。

　　我該喝茶了，在有風的夜…

9

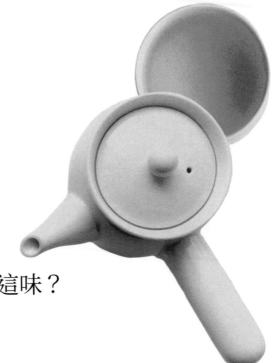

第一章

神農，上古的白茶，可是這味？

── 白茶的歷史淵源

　　白茶，淡香清韻，乃茶中的隱者。據記載，遠古年代的神農嘗百草，日遇七十二毒，得茶而解，說的就是白茶，一款不炒不揉的茶，有最原始而自然的清香，有最完整的天地凝結的芳華。茶味幽然，從容得如一智者，不緊不慢地釋放著久蘊的香，返璞歸真般，有遠古的氣息，有淡定的禪味。

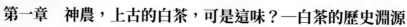

中國茶葉發展史概述

中國是茶的故鄉，無論是發現茶還是利用茶都是世界上最早的國家，茶的歷史，正如老茶，悠遠而綿長。翻開史冊，且看看茶千年的變遷。

品飲的歷史

人們發現茶，並運用茶，傳說從神農開始。人們把茶葉作為飲品，據清人顧炎武《日知錄》的記載為「自秦人取蜀而後，始有飲茗之事」，這一算也有兩千多年的歷史。茶的品飲，從古至今，有記載的方法有煮茶法、煎茶法、點茶法、泡茶法。

煮茶法

煮茶法，自漢朝開始，一直流傳至今。《晏子春秋》記載，「晏子相景公，食脫粟之飯，炙三弋五卵，茗菜而已」；又《爾雅》中，「苦茶」一詞注釋云「葉可炙作羹飲」；在《桐君錄》等古籍中，則有茶與桂薑及一些香料同煮食用的記載。中唐以前，茶葉加工粗放，故烹飲也較簡單，源於藥用的煮熬和源於食用的烹煮是其主要形式，或煮羹飲，或煮成茗粥。煮茶法主要在少數民族地區流行，即便是今天，那裡依然煮飲，古風猶存。

煎茶法

煎茶法是唐代主要飲茶形式。煎茶法是從煮茶法演化而來的，尤其是直接從末茶的煮飲法改進而來。西晉杜育《荈賦》有「惟茲初成，沫沉華浮。煥如積雪，曄若春敷」的描述，是說茶湯煎成之後，茶沫沉下，湯華浮上。亮如冬天的積雪，鮮若春日的百花。煎飲法主要有備茶（炙茶、搗茶、碾茶、羅茶）、備器、擇水、取火、候湯、煎茶（投茶、攪拌、加鹽）、酌茶、品茶等程序。唐元積便有《茶》詩云「銚煎黃蕊色，碗轉曲塵花」。煎茶法盛於中晚唐，衰於五

代，亡於南宋。煎茶法的衰亡之日，便是點茶法的隆盛之時。

點茶法

到了宋代，中國的茶道發生了變化，點茶法成為時尚。和唐代煎茶法不同，點茶法是將茶葉末放在茶碗裡，注入少量沸水調成糊狀，然後再注入沸水，或者直接向茶碗中注入沸水，同時用茶筅攪動，茶末上浮，形成粥面。唐朝是煮茶，而到了宋朝只煮水了。對點茶頗有研究的當屬蔡襄，他不僅是書法家、文學家，還是茶葉專家，其《茶錄》奠定了點茶茶藝的歷史地位。

泡茶法

泡茶法是中華茶藝的又一種形式，自明朝中期流行至今。這種飲泡方法明清以來一直是主導性的飲茶方法，主要源自唐代的「淹泡」和宋代的「撮泡」。泡茶法包括備器、選水、取火、候湯、習茶五個環節，具體又分壺泡茶、撮泡法、功夫茶

泡法。16 世紀末的明朝後期，張源著《茶錄》，其書有藏茶、火候、湯辨、泡法、投茶、飲茶等篇；許次紓著《茶疏》，其書有擇水、儲水、舀水、煮水器、火候、烹點、湯候、甌注等篇。《茶錄》和《茶疏》，共同奠定了泡茶法的基礎。17 世紀初，程用賓撰《茶錄》，羅廩撰《茶解》。17 世紀中期，馮可賓撰《岕茶箋》。17 世紀後期，清人冒襄撰《岕茶匯鈔》。這些茶書進一步補充、發展、完善了泡茶法。

茶葉用途的變遷

從品飲方法的變遷，很容易發現茶的用途也在發生變化。最早的人類發現了茶，是作藥用，將茶作為一種消脂解膩的藥一般煮飲，也有羹食，後來到了唐代，茶被用來食用，唐宋食茶之風極盛，陸羽的《茶經》出現在唐代，《大觀茶論》則是宋朝的皇帝宋徽宗親自執筆，以至於日本來唐宋的使者，將茶道作為一項很重要的

學習內容帶回日本，回國後，結合中國的情況形成了日本茶道。所以想了解中國唐宋時期的飲茶法，可以參看日本的飲茶方法。到了明清，中國的飲茶法又發生了劇變，由原來的吃茶改為沖飲法，就是現代的飲茶法，那時人們已經不把茶葉吃掉，而是飲浸泡的茶湯，茶已經成為一種健康的飲料了。

中國飲茶法的流變，簡而言之，就是藥用—食用—飲用這三個過程的演變。

茶葉品類發展

中國茶，大小名目，不下萬種，按國際通用的分類標準，分為綠茶、白茶、青茶（烏龍茶）、黃茶、黑茶、紅茶，其分類依據是加工工藝。各種茶類都有自己的核心工藝，綠茶的核心工藝便是殺青，白茶是萎凋，烏龍是做青，黃茶的關鍵工藝是悶黃，黑茶是渥堆，紅茶是發酵。了解各類茶的核心工藝，就不難理解各類茶的不同。若按照發酵程度來分，綠茶為不發酵茶，白茶為微發酵茶，黃茶為輕發酵茶，青茶為半發酵茶，紅茶是全發酵茶，而黑茶為後發酵茶。

黃茶，據說是因為做綠茶時炒製工藝不當，堆積過久，葉子變黃而成。因為「悶黃」的工藝，黃茶黃葉黃湯，茶湯清爽而柔和，反而成了難得的珍品。在明代許次紓的《茶疏》裡記載了黃茶的演變歷史。還有在《紅樓夢》裡妙玉給賈母的茶「君山銀針」，便是黃茶了，由於是半發酵茶，很適合老年人及體質虛寒之人品飲。當然除了君山銀針，還有霍山黃芽、蒙頂黃芽、溈山毛尖等也都屬黃茶。

青茶，人們俗稱「烏龍茶」，為半發酵茶，介於綠茶和紅茶之間，具體始創時間尚有爭議，有說源於宋朝，有說源於清朝，但是其共識就是始創地在福建。清朝初年王草堂《茶說》就有記載：「武夷茶……採茶後，以竹筐勻鋪，架於風日中，名曰

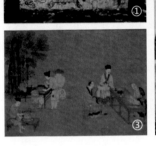

① 古代品茗圖
② 下八里遼金墓群的《備茶圖》
　壁畫
③ 攆茶圖〔宋〕劉松年，現藏臺
　北故宮博物院
④ 玉川煮茶圖〔明〕丁雲鵬

晒青，俟其青色減收，然後再加炒焙……烹出之時，半青半紅，青者乃炒色，紅者乃焙色也。」烏龍茶，按地域分為閩北烏龍、閩南烏龍、廣東烏龍和臺灣烏龍。筆者認為此茶類始於明末，

　　發源於閩北武夷山和閩南。青茶經晒青、晾青、搖青、炒青、揉撚、烘焙製成。乾茶色澤青褐，湯色黃亮，有濃郁的花香，葉底通常為綠葉紅鑲邊。

　　再說紅茶，16 世紀，最早出現在福建的崇安，也就是今武夷山市。紅茶經由萎凋、揉撚、發酵、乾燥製成，紅葉紅湯，據製法不同，分為小種紅茶、工夫紅茶、紅碎茶。這兩年金駿眉已被中國人渲染得流光溢彩，這不可多得的稀品，乃屬小種紅茶（正山小種）。金駿眉珍貴之處在於它是源自 1500 ～ 1800 公尺高山原生小種野茶，一年的產量極少，大約只有 20 多斤，極其珍貴。

15

黑茶，因為有道渥堆的工藝，成茶油黑或黑褐，便稱為黑茶。它的緣起還是因綠茶的製法發生了變化，綠毛茶堆積後發生了發酵，才有了黑茶明史中《食貨志·茶法》記載，嘉靖三年 (1524 年)，御史陳講奏稱：「茶商低劣，悉徵黑茶。」「黑茶」一詞首次出現於史籍。黑茶按品類分，主要有湖南黑茶、湖北老青茶、四川黑茶和滇桂黑茶，以緊壓茶居多。普洱茶、六堡茶、茯磚茶均屬黑茶。黑茶主要銷往藏、蒙地區，那裡的人日常飲食以肉奶為主，缺纖維素和微量元素，每日必喝茶，有說法：「可以一日無肉，不可一日無茶。」黑茶的消脂解膩之功效最為顯著。現在很多人將黑茶稱為「減肥茶」。關於黑茶的功效在《本草綱目拾遺》有載：「黑茶最治油蒙心包，刮腸、醒酒第一。」

很明顯，最早出現的茶類一定是具有最簡單加工方法的茶 —— 白茶，然後出現綠茶，再由綠茶工藝演變生成了黑茶、黃茶、紅茶、烏龍茶。

①晒青
②殺青
③揉撚
④蒸壓

中國六大茶類

茶類	類別	發酵程度		習性	代表茶品
綠茶	炒青	不發酵	0%	性寒	龍井、碧螺春
	烘青				黃山毛峰、太平猴魁
	晒青				滇青和川青
	蒸青				恩施玉露、陽羨雪芽
白茶	白芽茶	微發酵	新茶 5%～20% 陳茶 20%～80%	新茶性寒涼 陳茶性平	白毫銀針
	白葉茶				白牡丹、貢眉、壽眉
黃茶	黃大茶	輕發酵	20%～30%	性寒	霍山黃大茶
	黃小茶				溈山毛尖、溫州黃湯
	黃芽茶				君山銀針、蒙頂黃芽
青茶（烏龍茶）	閩南烏龍	輕發酵	20%～30%	性寒	鐵觀音
	閩北烏龍	重發酵	50%～80%	性平	武夷山岩茶（大紅袍、肉桂、水仙）
	廣東烏龍	中發酵	30%～50%	性平	鳳凰單叢
	臺灣烏龍	輕發酵	20%～30%	性寒	凍頂烏龍、文山包種
紅茶	小種紅茶	全發酵	80%～90%	性溫	正山小種
	工夫紅茶				滇紅、白琳工夫、政和工夫、坦洋工夫、宜紅、日月潭紅茶
	紅碎茶				英德紅茶、四川紅碎茶
黑茶	四川黑茶	後發酵	生茶約 20%～30%熟茶約 100%	生茶性寒，熟茶性溫	四川邊茶
	湖北、湖南黑茶				湖北老青茶、湖南茯磚茶
	滇桂黑茶				雲南普洱茶、廣西六堡茶

白茶的概述

白茶是傳統的六大茶類之一，因製法獨特，不炒不揉；成茶，因其成品茶多為芽頭，外表披滿白毫，如銀似雪，呈白色，故稱「白茶」。

明朝李時珍認為：茶生於崖林之間，味苦，性寒涼，具有解毒利尿少寢解暑下氣消食止頭痛等功效（見《本草綱目》）。古代和現代醫學證明，白茶是保健功效最全面的一個茶類，具有抗輻射、抗氧化、抗腫瘤、降血壓、降血糖、降血脂的功能。中醫藥理證明，白茶性清涼，具有退熱降火之功效，白茶產地福建人還用白茶治療小孩的麻疹、皮膚疾病、牙痛等，白茶幾乎成為家庭藥箱必備之物。

白茶的發現和被飲用早於綠茶兩千多年，上古時代人們運用自然晾晒製草藥的方法倉儲茶葉，這也是今天傳統白茶所延續的製作工藝。白茶製茶工藝自然，原料經日光萎凋和文火足乾，形成了形態自然、芽葉完整、茸毫密披、色白如銀的成茶。

白茶因採摘標準不同而分為白毫銀針、白牡丹、貢眉、壽眉。其中，白毫銀針，是白茶中的極品，位居中國十大名茶之列。

白茶主要產於福建的福鼎、政和、建陽、松溪等地，是福建特有的茶類之一。

白茶，亦稱「僑銷茶」，昔日，品白茶，是貴族身分的象徵。

長期以來，白茶主要遠銷香港、澳門，以及德國、日本、荷蘭、法國、印尼等地，而內銷極少，所以中國人對白茶的了解不多。

　　獨特的加工工藝，獨特的產地環境，獨特的大白茶品種造就了白茶外表天然素雅，而內質清甜爽口的獨特品質。

　　於是，有人將白茶歸為「三色」、「三極」、「三變」。茶的「三色」：鮮葉呈乳白色，乾茶鑲金黃色，葉底現玉白色；品的「三極」：湯極翠、味極仙、香極幽；味的「三變」：一泡香鮮、二泡醇爽、三泡清甜。尤其是白毫銀針，全是披滿白色茸毛的芽尖，形狀挺直如針，在眾多的茶葉中，它是外形最優美者之一。其湯色淺黃，鮮醇爽口，飲後令人回味無窮。

尋蹤白茶的史載足跡

茶按照國際標準，分為綠、紅、白、青、黑、黃六大茶類，白茶被稱為年輕而古老的茶類，號稱「茶類的活化石」。

《本草衍義》有載：「神農氏一日遇七十二毒，得茶而解之。」「茶」即是「茶」之前身。這裡說的是神農氏，中國農業的發明者，也是茶的發現者。那時的人們保存茶葉的方法不過就是將茶樹的鮮葉採下，在太陽下晒乾，用罐存之，古人這種晒乾茶葉而存之的方法正是白茶的製作方法，現稱為古法白茶。

考古也不斷證實記載中的傳說，店下馬欄山和白琳考古發現，太姥山一帶在新石器時期就有人類活動的蹤跡，後來進一步證實傳說中的白茶始祖太姥娘娘就是母系氏族時期閩越地區的部落首領，今天綠雪芽古茶樹所在位置正是傳說中她得道升天的地方。隋唐時期有關白茶的記載要看唐朝人陸羽的《茶經》，「永嘉縣東三百里有白茶山」，而他這段文字記載，當然不是杜撰，是摘引自溫州地方誌《永嘉圖經》。從這句話裡可以看出，離溫州不遠處有白茶山。可能轉錄過程有誤，倘若真的朝東方，就進海裡了，因此，原文可能應為「永嘉縣南

白茶山

〔唐〕閻立本《鬥茶圖卷》

三百里有白茶山」才對，那裡正是福鼎的太姥山，產白茶的地方。

　　當然，最早出現「白茶」字樣的文獻是宋徽宗的《大觀茶論》，其中記載：「白茶，自為一種，與常茶不同。其條敷闡，其葉瑩薄，崖林之間，偶然生出。有者，不過四五家，生者，不過一二株，所造止於二三而已。須製造精微，運度得宜，則表裡昭澈，如玉之在璞，他無與倫也。」

　　其名出現，迄今已有九百餘年。（《大觀茶論》，成書於 1107 ～ 1110「大觀」年間，書以年號名。）宋代的

皇家茶園，設在福建建安郡北苑（即今福建省建甌縣境）。《大觀茶論》裡說的白茶，是早期產於北苑御茶山上的野生茶。其製作方法，仍然是經過蒸、壓而成團茶，同現今的白茶製法並不相同。可以看出唐宋時所謂的白茶，是指採摘偶然發現的白葉茶樹而製成的茶，應該是安吉白茶。與後來發展起來不炒不揉的白茶不同，事實上，到了明代才出現了類似現在的白茶。

　　到了明朝，《廣輿記》所說的「福寧州太姥山出名茶，名綠雪芽」，這

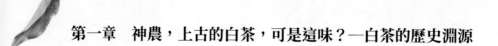

個時候白茶才有自己的名字。明謝肇《太姥山志》有太姥山人種茶的記載，田藝蘅《煮茶小品》載有類似白茶的製法：「茶者以火作者為次，生晒者為上，亦近自然，且斷煙火者耳……生晒者瀹之甌中，則旗槍舒暢，清翠鮮明，尤為可愛。」這時候的加工方法已經是我們所討論的白茶了。

清代，對於白茶有更詳細的記載，最有代表性的要數《閩小記》。清代周亮工《閩小記》中提到：「白毫銀針，產於太姥山鴻雪洞，其性寒涼，功同犀角，是治麻疹之聖藥。」白毫銀針正是白茶裡最名貴的品種。其他有「綠雪芽」字樣出現的記述還有郭柏蒼《閩產錄異》、吳振臣《閩遊偶記》。邱古園《太姥山指掌》記載：太姥山平崗，有十餘家人種茶，「最上者太姥白，即《三山志》綠雪芽茶是也」。清傳維祖所著《太姥山寺產印冊》是對太姥山寺院茶園予以記述的書冊。

民國初年卓劍舟著《太姥山全志》時就已考證出：「綠雪芽，今呼白毫。香色俱絕，而猶以鴻雪洞產者為最。性寒涼，功同犀角，為麻疹聖藥。運售國外，價與金埒。」那時候的白茶已經遠銷到國外。

關於白茶的歷史究竟起於何時，茶學界有些不同的觀點。有人認為白茶起於北宋，其主要依據是白茶最早出現在《大觀茶論》、《東溪試茶錄》

（文中說建安七種茶樹品種中名列第一的是「白葉茶」）。也有人認為是始於明代或清代，持這種觀點的學者主要是從茶葉製作方法上來加以區別茶類的，因白茶的生產過程只經過萎凋與乾燥兩道工序。也有學者認為，中國茶葉生產歷史上最早的茶葉不是綠茶而是白茶。其理由是：中國先民最初發現茶葉的藥用價值後，為了保存起來備用，必須把鮮嫩的茶芽葉晒乾或焙乾，這就是中國茶葉史上白茶的誕生。

古代制茶圖

而現代白茶的起源，有很多的說法，認同度高的起源說法是乾隆三十七年至四十七年（1772～1782年）在建陽水吉創製了現代意義的白茶，這種白茶後稱白牡丹。在清嘉慶初年（1796年），福鼎人採菜茶的壯芽而製成銀針，這是白毫銀針的始創。後來於1857年，福鼎大白茶樹由太姥山移植到福鼎點頭鎮，開始大白茶的培育和栽種，由於福鼎大白茶針形大而壯，產量高，市場反應好，於1860年後，福鼎大白茶漸漸成為白毫銀針的主要原料。所以白牡丹始創於建陽水吉鎮，而白毫銀針始創於福鼎點頭鎮。

1970年代，為了滿足外銷的需求，白琳茶廠研製出新工藝白茶，茶湯的滋味更濃，顏色更深，口感滋味更重，條索緊結。新工藝白茶是白茶的創新，發酵程度較傳統白茶要重，口感和滋味介於白茶和紅茶之間。

福鼎白茶的主要產區有白琳鎮、點頭鎮、秦嶼鎮等地，主要品種有福鼎大白茶和福鼎大毫茶。

政和大白茶是於1880年選育成功的，1889年始製銀針。政和的主要產區是福安大白茶、政和大白茶、福雲六號。

綠雪芽母樹

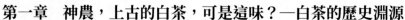

聽聽白茶的故事，聊聊當地的風俗

小時候愛聽爸媽講故事，一聽到「很久很久以前」這樣的開始，眼前便會有這樣的畫卷，有山有水還有老神仙，一個善良的人歷經苦難，過上了幸福的日子。

初到福鼎，要不是自己的知覺時時提醒我，真的以為到了仙境。福鼎太姥山三面環海，猶如從海裡長出的一座山，山上奇石林立，但頂部大多呈橢圓形，像水流雕塑過，如放大的鵝卵石，山上的樹不是很密，山上有溶洞，有古茶樹，還有暮鼓晨鐘，這一切已經足夠講幾天的故事了。今兒不說海裡的龍王，石頭裡的神仙，就說這白茶樹的故事。

據說是堯時，太姥山下一農家女子，避戰亂逃至山中，棲身鴻雪洞，以種蘭為業，樂善好施，人稱蘭姑。那年山裡麻疹流行，無數患兒因無藥救治而夭折。一天夜裡，蘭姑夢見南極仙翁，仙翁告訴她：鴻雪洞頂有一株小樹叫茶，是十幾年前給王母娘娘御花園運送茶種時掉下來的一顆種子長成的，它的葉子是治療麻疹的良藥。蘭姑驚喜醒來，趁月色費力攀上洞頂，在榛莽之中找到了那株與眾不同的茶樹，迫不及待地採下綠葉，晒乾後送到每一個山村。

神奇的白茶終於戰神了病魔，從此，蘭姑娘精心培育這株仙茶，並教四周的鄉親一起種茶。很快整個太姥山區變成了茶鄉。晚年，蘭姑在南極仙翁的指點下羽化升天，人們感其恩德，尊稱她為太姥娘娘，太姥山也因此而得名。現在福鼎太姥山還留著相傳是太姥娘娘親手種植的古茶樹——福鼎大白茶母株。

自古傳說都有原型，太姥娘娘也是一樣。據考古獲悉，太姥娘娘原是部落的首領，可以想見那時的她責無

丹井

旁貸地帶領部落的人一起勞作，遇到了可怕的病，孩子都發燒，起疹子，人們很無助，無意中發現了白茶樹，救了族人，於是她便成了神話裡的主角。

說完故事，再講講和茶相關的民俗。還說說福鼎吧，有很多人家孩子出生的時候，便會留一箱白茶作為紀念，等孩子長大了，這些茶也成了很珍貴的藥，這風俗有點像紹興的女兒紅酒，一方面儲存了酒，一方面儲存了記憶，孩子大了，茶味也由原來的青甜變為醇厚，在感慨歲月變遷的同時，又收穫了另一種喜悅。

還有一種習俗就是清明白茶，也就是清明當天，當地所有的人都上山採茶，能採多少就採多少，然後晾晒而成茶，俗稱「清明茶」，收藏起來，留做一年的飲用。那樣的茶多少有些思念的味道，濛濛細霧中的茶，都結著故人的心願，經過太陽的眷顧，那心願便得到了升騰，成了清明茶的茶煙。總覺得思念丹井是一種藥，有點苦，有點毒，淡淡的只是平添些哀愁，多了些詩

25

情，這茶也得淺淺地喝，隨意便好。

　　政和也有很多風俗與茶相關，例如插茶、新娘茶、醒眠茶、茶燈戲、畬族擂茶，這些風俗多是熱熱鬧鬧，充滿愛意，歡天喜地的感覺。

　　當地女子談婚論嫁要舉行的儀式，叫「插茶」，就是未來的新媳婦給公婆泡茶，表示對婚事的認可。還有就是喝喜茶，也叫「新娘茶」，在高山地區又稱為「端午茶」，是一次盛大的山鄉茶宴，這個習俗在政和楊源鄉一帶盛行。在端午節前一天，由新娶進門的新媳婦給鄉親們主持鄉村茶宴，茶宴對水、茶、沖泡器皿甚至於茶配（配茶的茶食，有自家醃的鹹菜，還有豆子、花生、紅蛋、水果等）都很有要求，水要泉水或自家的井水，茶要新製的清明茶，泡茶用的器皿要陶罐。茶宴要新娘一個人來完成，體現新娘的能幹與熱情。茶宴沒有請帖，一到時間，大家都知道陸續過來參加，一般為長輩婦女和孩子，客人來的越多，新娘越高興，臨走，新娘還要贈送紅繩，掛在客人的肩上，客人也沾了喜氣。還有一種「醒眠茶」，更是充滿愛意，早晨起來，妻子要給丈夫泡一碗茶，給丈夫提神，茶都是媳婦自己做的，沖泡得好不好體現妻子的賢慧與否。「茶燈戲」就是在茶園裡唱戲了，是採茶期間一種自娛自樂的田間戲，有道具，載歌載舞，在每年正月裡，茶燈戲最

熱鬧，村頭村尾空一點的場地，都是舞臺。政和東平鎮後布村是個佘族村，每年三月三、六月六是他們的節日，那天他們載歌載舞並做擂茶。將茶葉和生米、花生、芝麻一起放進陶罐裡，加少許水，用圓頭擂棒搗成糊，再放到茶缽裡沖泡成茶。擂茶據說可以祛風散熱，強身健體，延年益壽。我總覺得除了漢族之外的民族對於茶味可能直接接受起來有些難度，可是又要吃茶，於是創出來各樣的茶民俗，例如藏族的酥油茶、白族的三泡茶等，都有一個特點，去茶味，而留茶性，極具智慧。

政和佛子山

新娘茶

第一章　神農，上古的白茶，可是這味？—白茶的歷史淵源

第二章

憑海而居，或依山而臥
──── 福鼎、政和

福鼎、政和，這兩個地方，同位於福建的北部，一個偏東一個偏西，如同兩朵待放的蓓蕾，在福建這棵大茶樹上孕育千年而待今日綻放。它們都是白茶的主要生產地，一個憑海而居，一個依山而臥。

白茶的主要生產地 —— 福鼎、政和

福鼎

　　福鼎按行政區域的劃分原屬於福建省寧德市，於 1996 年由縣改為市，稱為福鼎市。福鼎的海拔大多數在 500 ～ 800 公尺，有些地方在 1000 公尺以上。屬於中亞熱帶海洋季風氣候，一年四季常綠，年溫差不大，平均氣溫 19.5℃，年降雨量 1312.5 毫米。

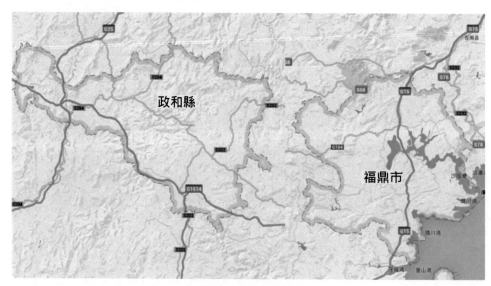

福鼎、政和位置圖

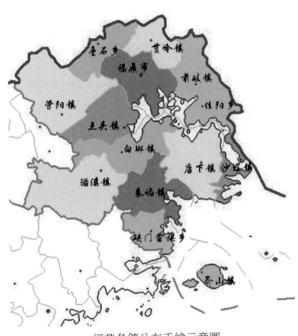

福鼎各鎮分布手繪示意圖

福鼎在東海之濱，有太姥山為依，可謂依山傍水，盡占了人間美景。福鼎在福建省屬於閩東，確切的說是閩東北，在閩浙交界，實際離溫州只有一個多小時的車程，由溫州一路向南，經過兩個隧道，曲曲折折地進山，就算到了福鼎。福鼎市中心有一條大河，叫桐山溪，發源於閩浙邊界的山麓，繞福鼎市，奔流入海，在市中心的水邊還能遠遠地看見大海的輪廓，開闊而迷離。河邊有很多碼頭，清晨聚集著很多在河邊洗涮衣服的婦人，每見此景，像回到古代，她們彷彿是水邊的浣紗女，五彩繽紛的衣物映在水面，如斑斕的油畫。人們還把河灘設成廣場，乘涼、跳舞都在河邊，一到晚上，這裡燈火通明，樂聲陣陣，歡樂無比，在河濱的路邊，又有很多各具特色的茶莊安然靜立，喜歡靜的人在水邊也有了去處。想起近年很多人關注幸福的感覺，還提到幸福指數，福鼎這座小城市暖意融融，歡欣滿滿，我想這便是人們要達到的幸福吧，知足，常樂。

福鼎，由山和海構成了它的地貌，海面的面積比陸地還大十倍，所以福鼎的特產就是海產和山貨，而這裡的山以產茶為主，尤其以白茶最為著名，當地還有其他如柚子和檳榔芋等特產也是馳名海內外。福鼎的土壤有紅壤、黃壤、紫色土、沖積土，很適宜茶樹的生長。福鼎是一個縣級市，市區不大，產茶地主要集中在幾個鎮子，它們是點頭鎮、白琳鎮、磻溪鎮、管陽鎮、秦嶼鎮。

這幾個鎮子直線距離雖然相距不是很遠，但卻各有特色。

點頭鎮裡的柏柳村是最早的白茶培植基地，由於白茶被越來越多的人認識，柏柳村漸漸成為白茶原產地的代名詞了，它就在點頭鎮的半山腰。這裡培育的白茶樹種「福鼎大白茶」已有一百多年的栽培史。國家級非物質遺產福鼎白茶製作技藝傳承人梅相靖就在福鼎市點頭鎮柏柳村，相關媒體對於柏柳村報導不少，我就不贅述了。點頭鎮還有個村，叫家洋村，栽培的「福鼎大毫茶」也已有百年栽培

史，而這兩種茶列在 77 個國家審定品種的第一位和第二位，稱為華茶一號和華茶二號，點頭鎮由於白茶的產量大，眾多知名廠商也在此落戶，現在的點頭鎮已經成了閩浙邊境最大的茶葉集散地，這兩年白茶的交易尤其熱門，據當地的一個茶莊介紹，點頭鎮的一個小茶莊一年餅茶就可以賣 10 萬片，銀針 1000 擔，其他茶還沒有統計在內。點頭的白茶品質可以用「標準」二字來形容，無論是形色味，還是白茶的生態環境都無可挑剔，誰讓這裡是白茶最早的培植基地呢。

白琳鎮，《福鼎縣鄉土志》有載：「白琳茶業特盛，中外通商，白毫之良，為五洲最，故商賈輻輳，居然一大市鎮。」清朝中葉，白琳鎮由於地理位置特殊，交通便利，水陸皆可通行，閩商和廣東茶商齊聚白琳，使白琳成為當時茶葉的集散地。白琳鎮最早是紅茶做得好，名氣大，比如白琳工夫，就是產在此地。此紅茶甘甜醇爽，湯色紅亮，常常會和金駿眉相

福鼎茶園

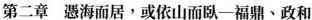

混，有人乾脆在箱體外打上金駿眉的字樣，所以市面上有相當一部分的金駿眉就是白琳工夫，喝到了，喜歡就好，也別有太多的懊惱，畢竟金駿眉每年的產量有限，價格又不是尋常百姓可以消費的。白琳鎮的白茶也有一定量的生產，只是名氣不如點頭鎮那麼大，這裡的廠商也是星羅棋布，大大小小。白琳鎮是點頭鎮的近鄰，很多茶青都是運到點頭鎮交易並在那裡加工生產。

管陽鎮，與點頭鎮毗鄰，平均海拔在 500 公尺以上，這裡的茶就如鎮的名字，特點鮮明，總覺得是中午的太陽一般，茶味足而有太陽氣。由於這裡的生態環境優越，有些知名廠商的基地就定在這裡，得天獨厚的一片管住陽光的地方，想充滿活力的時候就喝一杯管陽白茶。

磻溪鎮的茶青每年都難求，需要提前預定才行，而且鮮葉的收購價格會比其他的地方價要高。這裡的茶特點就是甜，回甘好，喝過的人就會記住它的滋味，白茶的魅力之一就是甘甜清爽，而磻溪的茶恰恰把白茶的甘甜放到最大，想要喝甜美的白茶找磻溪的白茶就對了。有人想知道原因，那麼來看看它的生態環境，磻溪是福鼎市地域面積最大的鄉鎮，全鎮森林覆蓋率達到 95%，平均海拔高度 500 到 800 公尺，氣溫比低海拔地區低 2℃至 4℃。它東與太姥山、南與白琳鎮相鄰，是典型的生態鄉鎮。這裡的湖林、南廣、後坪、仙蒲、赤溪、黃岡等村生產的茶青成為名副其實的搶手貨。這樣就不難理解蟠溪出好茶啦。

秦嶼鎮，一個依山傍水的地方，著名的太姥山就在這裡，太姥山的山腳下就是東海，山如同從海裡長出來的，境內太姥山平均海拔 600 公尺，山上常年雲霧繚繞，雲蒸霞蔚，氣溫比山下低 2℃至 5℃。每次爬到太姥山，總不知不覺地朝海遠眺，盼著遠處的黑點變大，希望是一條熟悉的船，不覺中這山就如盼歸的眺望者，

而登山的人也跟著心切。白茶就在這綿延的山脈上，日夜沐浴著水的靈氣。這裡的茶多少有點仙氣，吹過來的風都攜海裡的鮮味，茶自然與眾不同，有人把太姥山的茶比作小仙女，是一點都不過分的，這裡的茶在我眼裡多少有些靈氣，尤其品明前的茶，一口入喉，不覺中已來到雲霧繚繞的茶林間，恨不能把這清香的氣息都吸到體內，存起來用一年……

政和

說完福鼎的茶，下面來講講政和。

政和，屬於福建省，現在按行政區域劃分還是一個縣。氣候特徵屬於亞熱帶季風溼潤氣候區，氣候特點：雨熱同季，四季分明，季風影響顯著。全縣平均氣溫 14.1℃～18.6℃，年降水量 1600 毫米左右。政和境內大部分為山區丘陵地帶，北高南低，海拔多在 400～1000 公尺之間，土壤以紅壤和黃壤為主，很適宜茶樹的生長。白茶主要產區在溫暖適水區的石屯、東平、熊山等鎮。

政和各鎮分布手繪示意圖

政和屬於閩北，看地圖便知處於武夷山和福鼎的中間，然而要到那裡去，卻要曲折迂迴，方能到達。政和，相對福鼎，算內陸，丘陵山貌，有山裡的豪情與霸氣。政和的縣城和普通的縣城沒有什麼兩樣，不寬的街道，兩邊都是各樣的鋪面，4、5 月分的色調竟然是灰綠色的。不過要是驅車進山，滿眼蒼翠，感覺倒會不一樣。遠遠近近的茶山此起彼伏，如綠浪，好的天氣裡輪廓清晰，像工筆劃。想起福鼎茶山的樣子，煙霧嬝嬝，則如寫意山水。

關於政和的茶葉，陳櫞的《福

35

建政和之茶葉》（1943 年）有介紹：「政和茶葉種類繁多，其最著者首推工夫與銀針，前者遠銷俄美，後者遠銷德國；次為白毛猴及蓮心專銷安南（即越南）及汕頭一帶；再次為銷售香港、廣州之白牡丹，美國之小種，每年總值以百萬元計，實為政和經濟之命脈。」又見《茶葉通史》載：「咸豐年間，福建政和有一百多家製茶廠，雇傭工人多至千計；同治年間，有數十家私營製茶廠，出茶多至萬餘箱。」

政和，也是一個產茶大縣。民間還流傳這樣的說法「嫁女不慕官宦家，只詢茶葉與銀針」。可見茶在政和人心裡的地位。嫁閨女，不在乎對方的社會地位高低，只關心家內茶葉的收益，很務實的民風。

當然這些和歷史有關，政和縣在宋代的時候，叫關隸縣。對於什麼時候改的名，有兩個人，不得不提，就是宋代的宋徽宗和鄭可簡，宋徽宗這個人，很有意思，皇帝做的不稱職，但他是個書法家、詩人，還是個少有

的茶葉專家，誰送好茶他就賞誰，動輒就加官進爵，衝動到極致連年號都要封出去，因為一款茶，一款名叫「龍團勝雪」的茶，就送了年號。這茶是漕臣鄭可簡貢奉的，用細如銀絲的茶芽心製作，方寸大小，大約一個手掌心大，色白如雪，宋徽宗看了，也喝了，龍顏大悅，一高興，年號賜給關隸縣，從此，關隸改政和了。政和縣，注定就是一個產茶大縣，而且是產好茶的縣。後來鄭可簡的兒子因為政和紅茶而得寵，所以到政和老人

會給你講「父貴因茶白，兒榮因草朱」的故事。

那政和的茶葉到底是怎樣的呢？政和的茶葉和福鼎不同，葉莖要長一些，葉形感覺更舒展，整體茶形比較修長，而不似福鼎的茶，嫩嫩翠翠的，葉子裡像含著很多的水，葉莖也短。每次和茶友一起比較福鼎白茶和政和白茶的不同，都用柔美和剛毅來比喻，其實說到底就是陰柔之美和陽剛之美的差異，福鼎的茶如水邊的女子，甘甜而有美韻，而政和的茶像山

政和茶園

裡的漢子，剛毅而濃重。

政和縣的產茶地除了有石屯、東平、熊山比較集中外，其他鎮也有生產，主要茶樹種有福安大白茶、政和大白茶、福雲六號。當地人有 70%從事與茶相關的行業，收入的 75%來源於茶葉。茶葉已經是政和人最主要的經濟來源。

政和為什麼會出名茶，產茶量這麼大，是和它的地貌和土壤有關。政和自古就很適合種茶，宋朝時劃入北苑御茶園，38 個官焙茶坊有 5 個位於政和境內。政和縣全境山巒起伏，層林疊嶂，氣候溫和，雨量充沛，茶園土層深厚，為微酸性紅黃壤，非常適合茶樹生長。

白茶的樹種介紹

福鼎、政和兩地成為白茶的主要產區，主要和它們適種的樹種有關，關於白茶的樹種介紹，袁弟順老師在《中國白茶》裡有詳細介紹，這裡做一個簡要的摘錄：

適合製作白茶的茶樹品種有很多，但要製作傳統意義上的白茶，要求選用的品種茸毛多、白毫顯露、氨基酸含量高，這樣製作出的茶葉才能披滿白毫，有毫香，滋味鮮爽。白茶最早是採摘菜茶鮮葉製作，之後才用水仙、福鼎大白茶、政和大白茶、福鼎大毫茶、福安大白茶、福雲六號等來製作白茶。下面介紹幾個常用來製作白茶的樹種。

菜茶

菜茶是指用種子繁殖的茶樹群體，栽培歷史約有一千餘年。樹高1公尺，

幅寬1公尺，灌木型。葉長橢圓形，葉尖銳，略下垂。發芽期多在清明前幾天，終期11月上旬，芽數密，育芽力強。

福建水仙

又名水吉水仙或武夷水仙。栽培歷史一百多年，在福建各個產區栽培普遍，尤其閩北、閩南產區為多。屬於無性繁殖系，小喬木型，大葉類，遲芽種，三倍體。樹勢高大，自然生長可達五六公尺，分枝部位高，分枝稀疏，樹幹較明顯，為小喬木型。葉橢圓形或長橢圓形，葉端尖長，葉緣平齊，尖端和基部略下垂。發芽較遲，約3月中旬開始萌動至11月中旬停止增長。製白茶品質極優，色稍黃，茸毛顯露，富有香氣。

39

福鼎大白茶

又名福鼎白毫，無性繁殖系，小喬木型、中葉類、早生種。植株較高大，可達 2 公尺左右，幅寬 1.6～2 公尺，樹勢半開張，為小喬木型。分枝較密，分枝部位較高，節間尚長。樹皮灰色。葉橢圓形，先端漸尖並略下垂，基部稍鈍，葉緣略向上。春茶鮮葉含氨基酸 4.37%、茶多酚 16.2%。製成白茶品質極佳，以茸毛多而潔白，色綠，湯鮮美為特色。

福安大白茶

簡稱大毫。無性系，小喬木型，大葉類，早生種。樹勢開張，分枝尚密，3 月上旬萌芽，芽密度較稀，一芽三葉盛期在 4 月上旬，育芽率強。製白茶茶色稍暗，以芽肥壯，味清甜、香清、湯濃厚為特色，製白毫銀針，顏色鮮白帶暗，全披白毫，香氣清鮮，滋味清甜。

政和大白茶

又稱政大。小喬木型，大葉類，晚生種，混倍體。植株高大，樹勢直立，自然生長的樹冠高度可達 3～5 公尺，樹高 1.5～2 公尺，幅寬 1～1.5 公尺，為小喬木型。葉橢圓形，先端漸尖並突尖。製白茶色稍黃，以芽肥壯、味鮮、香清、湯厚為特色，製白毫銀針，顏色鮮白帶黃，全披白毫，香氣清鮮，滋味清甜。

政和大白茶

福鼎大毫茶

簡稱大毫。無性系，小喬木型，大葉類，早生種。植株高大，主幹明顯，樹高 2.8 公尺，幅寬 2.8 公尺，樹勢半開張，葉形長橢圓形，葉面平滑，側脈平均 8 對。製白茶，披滿芽毫，色白如銀，香清味醇，是製白毫銀針、白牡丹的高級原料。

福雲六號

無性繁殖系，小喬木型，大葉類，特早生種。植株高大，樹勢半開張，分枝部位較高，分枝較密。葉為橢圓形和長橢圓形，葉尖漸尖。製作的白茶色澤好，白毫顯露，但滋味、香氣稍差。

歌樂

福建福鼎地方品種。無性系，小喬木型，中葉類，早生種。植株高大，樹勢半開張，樹幹明顯，葉片呈水準狀生長。葉橢圓形，葉緣微波，葉尖鈍尖。製成的白茶色澤好，白毫顯露，滋味香氣好。

茶樹適宜生長的溫度為 20 ～ 30℃，年平均溫度 13℃以上。大葉種的茶樹抗旱能力差，灌木型的比較耐寒。白茶的生產自 3 月上旬至 10 月下旬，歷時 8 個月左右，越冬芽一般在 3 月中旬開始萌發生長，從 10 月上旬開始茶樹的營養供應逐漸停止。白茶的頭輪茶為頭春茶，其他依次為二春茶、三春茶、白露茶、秋露茶等。

現在白茶品種都採用短穗扦插法繁殖，傳統白茶種植時間為 11 月和早春（2 月中旬～ 3 月上旬）。

41

說在產地後面的話

現在主要生產白茶的地方在福建除了福鼎、政和之外，松溪、建陽也有一定量的生產，後者丘陵地形，和政和類似，要是歸地域品類，當屬政和茶。一說產地，人們往往習慣性地把福鼎和政和要分個仲伯，事實上這兩種茶都有特色，就如瓷杯和紫砂杯的差別，只是不同而已，覺得哪個更好，由偏好來決定。

很多人還會提到高山茶的概念，以為山越高茶越好，這其實是一個誤解，也有可能是商家在宣傳高山茶時沒有特別的說明。事實上，在一定海拔內，隨著海拔的提高，雲霧量會增多，空氣溼度變大，漫射、反射、散射光多，晝夜溫差大，這樣茶的品質較海拔低的要好。茶葉的內含物質也隨著海拔的增加，有所變化，海拔越高，茶多酚含量越少，氨基酸和含氮化合物含量有所增加。但是海拔太高，溫度低，熱量不足，縮短全年的生育期，茶葉的品質反而會下降，由茶葉方面的研究專家發現，適宜茶葉生長的海拔高度一般在 1000 公尺以下，超過 1000 公尺，要看具體的生態環境了。

還要提一下有機茶、野生茶的概念。有機茶是針對生態環境而言，茶葉的生長環境達到有機茶的生產標準；而野生茶是指茶樹的生長狀態，是多年沒有人管理的野放茶，原來也是茶園裡的茶樹，和真正意義的原生態野生茶是不一樣的。所以對於喝茶，不論有多少新鮮的概念，不論產地的差異、樹種的千差萬別，喝下去，感覺舒服才是最重要的，這是我對茶的最基本認識，在以後的章節裡還要不斷地重申這樣的理念。

第三章

接天連地，恰那時相識
—— 白茶的家譜

　　春天的山被一場場春雨喚醒，遠處的綠霧和近處的光影交織著，這裡的空氣氤氳著清香的茶味，在鼻翼和口腔裡撩動。一位位農人從霧裡鑽出來，都像披著薄紗，他們或擔挑，或手提，將一筐筐、一籃籃的鮮葉運出，這綠鮮鮮的葉，都像是有眼睛的精靈，它們繼而被太陽催眠，昏昏地睡去，當喚醒的時候已與水交融，成杯中的香茗 —— 清雅自然的白茶……

與白茶的緣

與人相識要有緣分，與茶亦然。要說相識該是兒時的記憶，放學後，喜歡在校門口的茶攤上買一杯茶喝，清清的甜，似有似無的茶味，似有似無的清香，留在唇齒間，也留在心底。十多年前的偶然又遇到了這最原初的滋味，茶味極淡，清甜中有絲絲草香，還有太陽的氣息……她就是白茶，一款自然本真的茶。她也成了我最好的朋友，純真如童年的夥伴，喜怒哀樂的率直在茶味裡一覽無遺，沒有掩飾沒有做作。

其實白茶不是每一款都形如芽針，亭亭玉立，也不都是悅目賞心，但都是極自然的茶形，或芽或葉，或卷或舒，注水，在杯中隨著水流歡騰，看著它們，心裡也如茶一般只有如水的歡欣，沒了雜念，那一刻，品茶人是幸福的。就這樣戀上白茶，戀上她的自然簡單。白茶的簡單自然不僅體現在外形和加工上，還有品種也不似其他茶類那麼複雜。白茶常見的品類僅有三種：白毫銀針、白牡丹、壽眉（貢眉）。

白茶在六大茶類裡按發酵程度分，算一款輕微發酵茶。按白茶的標

白毫銀針

準，只要用多白毫的品種，採用白茶
的加工方法，就可以生產出白茶。而
白茶的品種分類主要依據是採摘標準
不同，分為芽茶和葉茶。採用單芽
為原料加工而成的為芽茶，稱之為銀
針；採用完整的一芽一二葉且有濃密
的白色茸毛的茶鮮葉加工而成的為葉
茶，稱之為白牡丹；壽眉、貢眉的採
摘多為粗老的大葉來加工。按採摘時
間也很好區分品種，清明前主要採摘
白毫銀針和級次高的白牡丹，級次較
低的牡丹和壽眉都是清明後採摘。

白毫銀針：款款如斯，晨霧中走來的仙子

白衣白裙，亭亭嫋嫋，在水中緩緩地舒展自己，悠悠然釋放縷縷仙香，清亮亮的茶湯如山坡上晨起的朝陽，罩著飄入凡塵的仙子，或回首眺望，她們輕輕吐著芳蘭氣，滿心歡喜，這裡有晨霧！有甘露！一定還有早春的日光！這就是白毫銀針，一款美麗而仙雅的茶。

白毫銀針是什麼樣的茶

白毫銀針，顧名思義有白毫披身，形似針樣的芽茶，其製作方法是按照白茶的加工標準。準確的定義如下：白毫銀針，亦稱「銀針白毫」、「銀針」、「白毫」，是白茶中最名貴的品種。白毫銀針是肥壯針樣的白芽茶，其單芽披白色絨毛，又因其色白如銀，外形似針，因此得「白毫銀針」的美名。它不僅形優美，茶味更是毫香宜人。

現在的白毫銀針的茶芽均系福鼎大白茶或政和大白茶良種茶樹，因其芽肥壯，宋代沈括在《夢溪筆談》中稱南方茶樹「今茶之美者，其質素良而所植之土又美，則新芽一發則長寸餘」。

白毫銀針主要產於福建省福鼎、政和兩縣市，其他如建陽，松溪等地也有少量的生產。白毫銀針因產地和茶樹品種不同，又分北路銀針和南路銀針兩個品目。

白毫銀針

福鼎銀針（北路銀針）

　　產於福建福鼎，茶樹品種主要為福鼎大白茶（又名福鼎白毫）。福鼎大白茶製成的白茶，品質極好，它的特色是茶茸多且潔白，色綠，湯美。福鼎大白茶原產於福鼎的太姥山，至今還有「綠雪芽」古茶樹屹立在鴻雪洞旁。陸羽《茶經》中所載「永嘉縣東三百里有白茶山」，據推斷，指的就是福鼎太姥山。清代周亮工《閩小記》中也曾提到「白毫銀針，產太姥山鴻雪洞，其性寒涼，功同犀角，是治麻疹之聖藥」。可見，太姥山地區產白毫銀針歷史悠久，而白毫銀針又是白茶的發端，無論從歷史記載還是加工的先後，白毫銀針都開闢了白茶的先河。

　　據記載，1796 年清嘉慶元年，福鼎縣首用當地有性群體茶樹——菜茶壯芽創製白毫銀針。約在 1857 年，福鼎大白茶品種茶樹在福鼎市選育繁殖成功，於 1885 年改用選育的「福鼎大白茶」品種。菜茶因茶芽細小，已不再採用。政和縣 1880 年選育繁殖政和大白茶品種茶樹，

福鼎銀針

47

1889 年政和縣開始用選育的「政和大白茶」品種壯芽製銀針。

事實上，北路銀針和南路銀針除樹種外，還有一個很大的差別就是加工方法，福鼎的茶先萎調，後乾燥，而乾燥方法採用烘乾方式，南路銀針則採用晒乾方式。

政和銀針（南路銀針）

產於福建政和，茶樹品種為政和大白茶。製的白毫銀針顏色鮮白帶黃，全披白毫，香氣清鮮，滋味清甜。政和大白茶原產於政和縣鐵山鄉高侖山頭，於 1985 年中國農作物品種審定委員會認定為國家良種。傳說，在清光緒五年（1879 年），鐵山人魏年老將此茶樹移到家中種植，後因牆倒，無意中壓條數十株，逐漸繁殖推廣。又說，1910 年，政和縣城關經營銀針的茶行，竟達數十家之多，暢銷歐美，每擔銀針價值銀元三百二十元。當時政和大白茶產區鐵山、稻香、東峰、林屯一帶，家家戶戶製銀針。當地流傳著「女兒不慕富豪家，只問茶葉和銀針」的說法。

白毫銀針之品賞

品賞白毫銀針，從乾茶開始，看銀針條索，根根肥壯；看乾茶色，有白毫披身；聞乾茶香，蜜甜的毫香伴著太陽的味道；沖水觀色，茶湯清澈橙黃，茶水中還有極細的茶茸；品茶味，清甜醇爽；觀杯中茶形，沉浮翻飛，煞是壯觀，靜置片刻，杯底如春筍一般，根根直立；茶淡水涼，細看葉底，毫心多而肥，軟嫩，略帶黃綠，有點像秋天被剝開的稻穗喝飽水的樣子。

政和銀針

銀針之形 ── 瓊芽

每次看到銀針，總想起一句詩：

「百草逢春未敢花，御花葆蕾拾瓊芽。」

（《詠貢茶》元·林錫翁）「瓊芽」用得好，正是銀針的樣子，身披白毫，如銀似雪，形如壯實的針芽。她不沾塵土氣，像天賜的鮮品，每次沖泡銀針前，都要清心靜意，如同一個神聖的時刻，心裡默默的感謝，感謝可以品到這樣的芳華。這一刻，要讓心裡所有的念都停下來，放在茶

杯泡白毫銀針

室外。當銀針已經請入茶荷，請靜靜地看著她幾分鐘，你會驚奇這白茸披身的芽，如何這等肥壯而挺拔，這白茸該不是她的羽衣吧，這壯實的芽和水又是如何交融，讓水暫態變成了瓊漿。

銀針之色 ── 隱綠

銀針色白，然而隱隱透著綠，所以用了東都漫士的一句詩：「隱翠白毫茸滿衫」，不看茶形，這句倒是最貼近的。如同一個胸有萬千丘壑卻又不願顯露的人，在看似平淡的話語中隱隱又能聽到靜水深流。

銀針之色，要從三個階段來看，沖泡前的乾茶茶色，沖泡中的茶湯顏色以及沖泡後的葉底顏色。首先，乾茶色白且隱綠；入水，沖泡，泡開後，茶葉呈綠黃色，品質好的銀針湯色透亮，湯色淺杏黃色，水中含著極細的茶茸；至茶湯無色，茶味極淡之時，濾出茶水，看茶底之色，品質好的會呈現細嫩、柔軟、勻整的黃綠色。

第三章　接天連地，恰那時相識—白茶的家譜

銀針之香 —— 毫香

先看看專業評茶人對白茶香氣的評語都有哪些，香氣評語有：毫香、鮮濃、鮮嫩、清高、清香、甜長、鮮爽、鮮甜、甜純……銀針之香當屬毫香顯濃，香氣新鮮。

看了專業審評之後，具體這毫香是一種怎樣的感受呢，有人說是一種太陽下青草的味道，有人說是草葉茸毛的味道，很有顆粒感，還有人說是一種淡淡的奶香，諸如此類，其實這些感覺都沒有錯，每個人都有個人的身體特質、身體感知，以及生活閱歷，就如一人若熟知天下各種香型，一聞便知此乃何香何料，若竟不知此香型，便從自己熟知的香型裡找對應了。很佩服《紅樓夢》裡的賈寶玉，對各種香草如數家珍一般。寶玉有言：這些之中也有藤蘿薜荔，那香的是杜若蘅蕪，那一種大約是蘭，這一種大約是金葛，那一種是金蔁草，這一種是玉蕗藤，紅的自然是紫芸，綠的定是青芷。緊跟後面還有他對《離騷》中異草的評價，說「年更歲改，人不能識」，若有他的學識，我們便不需要牽強和附和了。

銀針之味 —— 尋味

白毫銀針，每次沖泡後，得清甜淡雅一杯，品其味，常常語塞，不知如何表達，一個「甜」，一個「香」，

都不足以表達她的真味。想起來一次茶會上有位茶友的描述：「入口，只覺清甜，如泉，品香，覺得空的時候，卻要尋，一轉念，又覺得口中滿滿的都是……」那一次，就定了銀針之味乃「尋味」，若有若無的香，蘊在水裡的甜輕拍著口腔的每一個味蕾的觸角。

銀針之舞 —— 喚醒

水貼著杯壁緩緩下泄，將杯底的銀針一點點浸潤，她彷彿被喚醒一般，繼而她在杯裡被徐徐托起，浮到了水面，任由水托著潔白的羽衣，她伸著懶腰，每一個動作舒緩而矜持。大約兩分鐘後真正的舞劇才開始，一根根銀針如芭蕾舞者從舞臺上空悠悠地飛下來，有的直立在空中，像展示一種特技；有的一口氣就定在水底，如同生了根；還有的搖搖晃晃上下翻轉，如同泳池中的芭蕾……

銀針之舞，如同一場生命喚醒的儀軌，翻飛輾轉，遲疑，篤定，在經歷一次次的洗禮後，根植杯底，隨杯裡的柔波蕩漾，心是安定了。

銀針飲法之淺說

用來沖泡銀針的器具，不一而足，諸如玻璃杯、青瓷蓋碗、白瓷蓋盅、紫砂壺等。這些茶具對於泡銀針，要求各有不同，也有各自的裨益。

玻璃杯沖泡銀針，可以觀形觀色，賞心悅目，還可以聞到銀針的清香，空氣裡都會有茶香。對於沖泡要求是貼杯壁入水，水溫要求攝氏 90 度左右，需靜置到有茶芽下沉，滋味才為最佳。這種沖泡方法，不足是香雖高，韻不足。

青瓷蓋碗和白瓷蓋碗的沖泡方法，要求入水時力度要柔，輕輕浸潤茶，溫潤泡後，再入水，無需靜置，就可以出湯，優點是滋味足，香高，但湯韻不好。

紫砂壺沖泡銀針，要求紫砂壺口要大些，類似仿古之類的器型比較合適，泥料最好是朱泥，沖泡過程中壺蓋記得要斜支在口上，留一條縫，不讓茶受悶。這樣的沖泡方法，湯韻比較好，茶湯比較醇厚，但是茶香會不足。

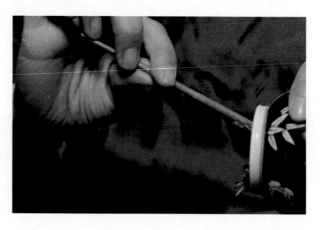

當然還有別的器具，諸如飄逸杯或者瓷壺都可以沖泡銀針，但都不是首選。想喝到一杯香甜且有韻的茶，不僅需要挑選一個適合的器具，對於泡茶的技藝也是有要求，經常練習是很有必要的，把握好水和茶的比例，掌握好水溫，沖泡力度，入水的位置，自然會有一杯香茗的呈現。

一般而言，白毫銀針的沖泡方法和綠茶基本相同，但由於銀針製作不做揉撚，故沖泡時茶汁不易浸出，一般 3 克銀針沖入 200 毫升的 90℃左右的水，開始茶芽浮在水面，靜置 5 分鐘後，部分茶芽始從水面陸續沉入杯底，部分懸浮茶湯上部，此時茶芽條條挺立，上下交錯，茶裡世界，茶裡江山，蔚為奇觀，約 10 分鐘後，茶湯泛黃即可品飲，塵俗盡去，茶意悠然。正所謂「杯掬黃杏色，塵蘊白毫香」！

白牡丹：翩翩起舞的你，記得的還是裙裾

在茶中翩翩起舞的一定是她，一襲綠舞裙在水中跟著水的旋律舞蹈，時起時落，只見，如影如練。她就是白牡丹，白茶中的舞娘。

因其綠葉夾銀白色毫心，形似花朵，沖泡後綠葉托著嫩芽，宛如蓓蕾初放，故得「白牡丹」美名。

走近白牡丹（形色味）

借用《茶葉詞典》裡的描述：白牡丹，是白茶的一種，產於福建建陽、政和、松溪、福鼎等縣市的葉狀白芽茶。一般一芽兩葉，也有一芽一葉，按採摘標準分為極品牡丹、一級牡丹、二級牡丹；一般

品質好的牡丹都是清明前進行採摘，加工。原料採用「福鼎大白茶」、「政和大白茶」品種兩葉抱一芽鮮葉，兼採一些水仙品種茶樹芽葉共拼合。只經萎凋和乾燥製成。形態自然，呈深灰綠或暗青苔色，遍布白色絨毛。湯色杏黃或橙黃，葉底淺青灰色，香氣清，味鮮醇。

白牡丹形美

每次打開一整箱的牡丹，都不由得從心底驚嘆，這麼美！它不似銀針滿眼銀芽，一下子晃暈你的眼，想仔

細辨認，取來看，又無從下手，銀針聚在一起，恍如一面鏡子，亮得讓人不知所措。而牡丹不同，牡丹的芽，被黃綠色的葉子襯著，如漫天星般的白野花開遍原野，每一朵都美，遲疑中只有靜靜地浸在撲鼻的茶香裡。

將白牡丹入杯沖泡，又是另一番景象，芽葉隨著水的旋律舒展開來，將藏在茶裡的春色都綻放出來。芽喜歡靜靜地立在水裡，而葉卻要在水裡漂漾，這杯裡熱鬧異常，有上下的浮沉的，也有左右的搖曳的，水裡還有白毫在遊動，這時若凝神水中茶，有如到了水底世界的感覺，有嘻嘻聲還有低低的細語，它們盡用茶的語言。

牡丹就是這麼的美，美得需要凝神，美得讓你暗暗讚嘆。

白牡丹香高

在白茶裡，牡丹的香算高揚的，彷彿將這一季的香都收納過來，一起放在茶裡，她不僅有芽的蜜甜香，還有葉的清香。在我認為，牡丹的香是最具有包容性的，有銀針的毫韻，也有壽眉的清甜。沖泡過程中，茶香的顯露也有不同，開始時茶毫的香，緊密的感覺，厚厚的感覺，越來越淡，越來越淡，漸漸地變得清甜，草葉的氣息越來越明顯，等一切殆盡，卻有淡淡的草藥味。

白牡丹味醇

牡丹的滋味醇厚，是有緣由的。白牡丹有芽亦有葉，沖泡後，茶湯內便有了芽葉的滋味，芽湯有韻，而葉有甜，這樣的茶湯飽滿而多姿，自然關照我們的味蕾。常常幾個茶友會一同討論茶水和茶湯的區別，茶薄和厚的差別，其實分辨起來也不難，做個簡單的比喻，就如米和水煮在一起沒到火候，水還是水，米還是米，不過是水裡有一部分澱粉而已，而米湯就不同，它是稠稠的，入口的感覺，水中有米，而米已無形。茶水便是水中無茶，茶不融水；茶湯，則已是水茶為一體，茶、水不得分。

與白牡丹相處之道
—— 說說沖泡

與牡丹相處，說難也不難，說易也不易。牡丹看似平易，然而想把它最完美的茶性誘發出來，也不是一件簡單的事情。常常要看你用什麼器皿來沖泡，泡茶的容器，對茶來說，這就是它的舞臺，舞臺條件的優劣直接影響舞者的發揮，這沒有疑問。再看用什麼樣的水來沖泡，更是關鍵，是礦泉水還是純淨水，或者是自來水，水對於茶，就像音樂對於舞者，而沖泡的力度就是音樂的節奏了。總之，若想得一杯香茗，「茶，水，器，人」需配合得當方可。

牡丹的沖泡，建議器皿用玻璃杯，為觀其形，為觀其色，為聞其香。水的挑選則建議用礦泉水，礦泉水也是有差別的，最好用 pH 值在 7 ～ 7.2 之間，要是沒有合適的礦泉水，純淨水也是不錯的選擇。若用 pH 值比較高的礦泉水，可能泡其他的茶比較合適，但是白茶是不適宜的，用這樣的水泡出的茶滋味比較澀，喉嚨裡會有附著感，所以選什麼樣的水很重要。再說水溫，建議水燒開，稍放一會到 90℃就好，對於新白茶比較適宜，要比綠茶略高一些，這樣白茶的滋味才能盡顯。浸泡時間，前五泡浸泡十秒出湯，到了五泡以後，適當延長時間。其實，白牡丹的飲泡方法和綠茶無異，它比綠茶更耐泡，而且久泡不會有苦澀味。

當然也有喜歡用紫砂壺和蓋碗沖泡牡丹的，用紫砂壺沖泡出來的茶湯，湯味更厚，但是鮮香氣較玻璃杯略遜色，而且看不到牡丹的綻放；用蓋碗泡，出味比較容易，因為有杯蓋，還可以讓鼻子參與品茗，感受杯蓋內變換的不同香味。所以選擇哪一種沖泡方法沒有定論，只是每個人的喜好不同罷了。

白牡丹的質 —— 是一個中庸的道場

近年春季，常常喝牡丹，於是找各樣的牡丹來品，有明前的牡丹，有土茶牡丹，還有野生牡丹，有時候還會找十多年的老牡丹來品。每一種滋味都各具特色。明前的牡丹，一覽無遺的山野的清香、甘甜；而土茶牡丹有些厚重，泡久了會有一點苦澀；野生牡丹，就是高遠的清甜，如音域寬廣而聲音清亮的歌，久泡湯依然透亮，水中亦有茶。但是無論怎樣，它們都有一個共同的特徵，口感內容豐富，很有層次感，可品可飲。

牡丹，細究，有芽，有葉，有銀針的雅致也有壽眉的質樸，所以，在我眼裡，它如一個中庸的道場，上接仙樓，下連山澗，亭亭地靜立於山水間，心內有不入凡塵的夢，又堅實地走在山路上，在天地間，一程又一程，走過了千年。一轉念，倒想到我們短短的人生，往往在年輕的時候會滑向一個端點，或天或地，到了中年，卻是日漸中庸，以前不解「中庸」之意，以為中庸不過是平庸而無作為，事事都取中而行。現在看來，卻有不同，中庸是儒家的一種主張，待人接物採取不偏不倚、調和折中的態度，曰中庸之道。表面看是處於中間，然要這樣的平和，卻是要一種絕對的平衡方能達到。比如想要灰的顏色，必須是黑和白的調和，才會出現灰，那麼灰色裡便是有黑也有白的，中庸亦然。中華文明千年文化，一直和中庸沒有分開過，想來卻是極具智慧，凡事發展到最後，都會融成一個「和」字，乃中庸的內髓。

忽然想起林語堂這個人，他一生最擅長的事就是取中庸之道而行，故而一生安樂平順，他個人的「生活的藝術」一直是我欣賞的，他喜歡李密庵的《半半歌》，不妨拿出來一起同讀：

「看破浮生過半，半之受用無邊，半中歲月盡幽閒，半裡乾坤寬展。半廓半鄉村舍，半山半水田園，半耕半讀半經塵，半士半姻民眷。半雅半粗器具，半華半實庭軒，衾裳半素半輕鮮，肴饌半豐半儉。童僕半能半拙，妻兒半朴半賢，心情半佛半神仙，姓字半藏半顯。一半還之天地，一半讓予人間，半思後代與滄田，半想閻羅怎見。飲酒半酣正好，花開半時偏妍，半帆張扇免翻顛，馬放半韁穩便。半少卻饒滋味，半多反厭糾纏，百年苦樂半相參，會占便宜只半。」

林語堂也是品茶高人，他對茶的感受已經是一種精神層面的通達。他說過：「只要有一把茶壺，中國人

到哪裡都是快樂的。」對他
來說，茶已經是他生活的一
部分，更甚之，是生命的一
部分，而且是快樂之源。林
語堂是福建人，有喝茶的先
天基因，對茶的認識又加入
西方的元素，在他國喝家鄉
茶，是另一種情韻，他的品
茶經也是很有意思，除了對
水、器、茶的要求，還對環
境有要求，對喝茶的茶友有
要求。他喝的是什麼茶不得
而知，但看他的描述，應該
是烏龍茶、紅茶之類，不知
他有沒有飲過牡丹，我倒認
為這茶與他最貼合呢。

壽眉：山野的味道

如秋天掃起來的落葉，若午後收集起來的散陽，透亮的茶湯也似秋光，有如那片片茶葉收集來的春夏暖陽都釋放出來，浸在茶湯裡，湯味也是太陽的味道，暖暖的，有芳草氣。其貌不揚的壽眉每一次總會給人一種驚喜，一種啟示。

淺述壽眉

壽眉，是用級次較低的大白茶或菜茶按照白茶的工藝加工製成，產地為福建福鼎、建陽、建甌、浦城等地。製法基本同白牡丹。鮮葉原料有大白茶和菜茶──有性群體茶樹，取一芽二三葉，經萎凋焙乾而成。壽眉採摘時間，最早也得 4 月 20 號以後，所以每年「五一」以後我們才能喝到新的壽眉。春末的壽眉滋味比較醇厚，湯水鮮而甜，而白露壽眉，香高揚，湯水稍顯單薄。

壽眉的外形，很多人看了不以為是茶，以為是掃起來的落葉。壽眉乾茶的色以灰綠色為主，泡開後是翠綠，乾茶形狀自然，稍有捲曲，所有的樣子都是天成，沒有刻意的揉撚和做形。杯中的茶湯一般是淺琥珀色，潔淨而透明的黃，壽眉的香氣以草香為主，夾著果香，還有太陽的氣息，用茶專業的表達便是：壽眉乾茶毫芯顯，色澤翠綠，湯色橙黃，味醇爽，香鮮純。

壽眉和貢眉的差別

貢眉，最初的原料用菜茶，由於形狀較瘦小，形狀似眉毛而得名。貢眉的級次分為：一級貢眉、二級貢眉、三級貢眉、四級貢眉。用菜茶做的貢眉要求一芽二三葉，茶青低於牡丹，原料需要有嫩芽、壯芽、葉，葉不能有對夾葉。（對夾葉，也稱為「不正常新梢」、「異常芽葉」，

是頂芽生長停止的新梢靠近頂芽形似對生的兩片葉子。）現在由於菜茶的量較少，貢眉也用原料較差的大白茶製作，原料品級介於白牡丹與壽眉之間。

壽眉，是以福鼎大白茶、福鼎大毫茶、政和大白茶等作原料，等到4月下旬，芽葉長粗老後才可以做壽眉。所以，嚴格意義上來說，現在的貢眉是以福鼎大白茶和政和大白茶等作為原料，採摘標準一芽兩葉或三葉，葉形比白牡丹大，和原先的小葉形貢眉不同，這樣的成茶稱為貢眉。

壽眉的沖泡概述

對壽眉的沖泡，最是沒有章法的，可以用一個大瓷缸，也可以用一隻碗，當然紫砂壺、蓋碗、玻璃杯更好。

在春夏秋冬四個季節，我做過各種沖泡方法的對比，相對來說，要是夏秋，可以試試碗泡，這種方法最適合大葉的壽眉，泡出的湯會給你意想不到的驚喜，茶的鮮香和清甜都得到了最大程度的保持。

春天可以用蓋碗沖泡，就像把香都歸攏在一起，打開碗蓋，清香一股腦兒沖出來，再看蓋碗沖泡出的湯，滋味濃醇，所以蓋碗是老茶客試茶喜歡用的器皿，它攏香而聚味。

壽眉

貢眉

　　冬天建議用紫砂壺泡壽眉，還建議公道杯
也用紫砂壺來替代，這樣可保持茶湯的溫度，
冬天還能感受到春天的溫暖，豈不是美事。

　　對於其他沖泡方法就不做介紹了，自然隨
意正是合了壽眉的心，所以沖泡壽眉的方法只
要是自己喜歡就好，沒有一定之規。具體方法
後面講述沖泡章節有詳細演示。

吾識壽眉

識壽眉，一定要拋開成見 —— 對茶外形的一種固化概念，壽眉在一定程度上是對一般價值觀的顛覆。每次看到茶友對著一堆老樹葉般的壽眉露出不屑的神情時，我就知道接下來我要被提問，一般質疑兩個問題：第一，這是茶嗎？第二，這茶能喝嗎？我的回答是：是茶，很好喝！當他們喝過壽眉後，都有不同程度的反省，檢省自己為什麼會有那許多成見，為什麼自己見識那麼短淺，為什麼會以形論茶。

我的心裡暗喜，他們已經品到了茶味，這味讓人深省，也算一種了悟。和白茶相伴了這麼多年，見過很多單愛壽眉的人，其實他們有很多相似的地方，偏愛壽眉的人常常不注重外表，重內質，更實際，不在意過程，而要求結果，喝茶的口味一般偏重，這樣的喝茶人同樣還會喜歡岩茶、生普洱之類的重味茶。

一直認為，世間萬物都有通性，茶，人，器，以及泡出的茶湯，仔細想來都如出一轍。喜歡細品銀針的人，一定喜歡精緻的景德鎮手繪青花粉彩杯，水要礦泉水，公道杯也要琉璃的手柄，茶席看似簡約，可每一個

細節又都是精心布置，喝銀針，享受精緻的茶生活；喝牡丹的人，有時注意與茶相關的各種要素，有時只用一個玻璃杯也是滿心歡喜，茶湯或濃或淡，不一定，隨心，當下，不過一杯茶；喝壽眉的人隨意大方，用的器物也多是粗放的輪廓，茶湯更是滋味厚而烈，品，一般不，他們都是豪飲居多，一大壺，一大杯，健康的飲料，就應該這麼喝的。

提到「喝茶」，我經常和茶友分享喝茶的幾個階段：第一階段，喝茶，把茶當飲料來喝，小時候媽媽會用白瓷缸泡一缸子茶晾著，放學回來一口氣頭也不抬地喝乾淨，那個時候不知道什麼是味道，媽媽說，茶解渴；第二階段，品味，品咂滋味，那是後來的事情，品茶中千百種香，千百種味，千百種甜，往往會被一種滋味吸引，久久不能自拔，日夜的想著那種特別的香，得到了，便如珍品般，好友來了，才掏出來分享；第三個階段，品心情，茶要是好茶，但若不是極品，也無妨，心情怡然，聽一段音樂，點一柱好香，擺弄珍愛的紫砂壺，這時「不羨神仙，不羨天」；第四個階段，茶禪一味，獨自靜靜地泡上一壺茶，這時，心，端端地放在那裡，開始，自己和自己的對話，品杯中茶，也品萬千事。

63

一點迷醉
—— 新工藝白茶

什麼是新工藝白茶

新工藝白茶是在原來傳統工藝白茶的基礎上，工藝製法作了創新，增加了發酵和揉撚兩道工序，形成了區別於傳統白茶的新工藝白茶。新工藝白茶是 1970 年代白琳茶廠創製出來，為了出口的需要，迎合西方人的口味。具體工藝為：鮮葉採摘 —— 自然萎凋 —— 加溫萎凋 —— 堆積發酵 —— 輕揉撚 —— 乾燥，它的茶青要求為低檔的牡丹和壽眉、貢眉。專業評茶用語這麼描述新工藝白茶：外形捲縮，略帶褶條，清香味濃，湯色橙紅，滋味濃醇清甘，香氣馥郁，葉底展開後色澤青灰帶黃，筋脈帶紅。

新工藝白茶由於是迎合西方人的口味，有類似紅茶的滋味，但是又有白茶的清香，還有烘焙的香氣，渾然天成呈現不一樣的風味，有一點迷醉的感覺。

新工藝白茶和傳統工藝白茶的區別

主要從工藝、茶形、茶色、湯色、口感去區分，尤其要辨識和老白茶的差別。

相對傳統白茶，新工藝白茶增加了輕發酵和輕揉撚的工藝。輕發酵，是新工藝白茶製作的特點之一，將萎凋適度的茶葉進行堆積，氣候乾燥溫度低，堆積厚一點，達到 20 ～ 30 公分，天氣潮溼，溫度高，堆積得薄一點，15 ～ 20 公分就好，歷時約 3 小時左右。這道工藝，可增加茶的味道濃厚度，還增加茶的糖香味。當然發酵堆積工藝讓茶更有柔韌度，為下一步揉撚工序做更好的準備。揉撚，是新工藝白茶的核心獨有工藝，由此形成了它特有的外形和特殊的滋味，它

的揉撚要求是輕壓和短揉。一般揉撚的要求是嫩葉輕壓、短揉（5～10分鐘），老葉加壓、加揉（15～21分鐘），也就是嫩葉輕輕給壓力，揉撚時間短，而老葉由於不易成型，壓力加大而且揉撚時間要加長，如此，才能形成新工藝白茶的獨有特徵。

新工藝白茶相對於傳統工藝白茶，外形比較勻齊，成形多有揉撚過的褶皺，顏色淺褐色。而傳統工藝白茶外形呈自然舒展，沒有人工揉撚的痕跡，乾茶顏色一般以白色、灰綠色、墨綠色為主。所以從外形上比較容易辨認。新工藝白茶外形有點像低檔的正山小種，但是乾茶香味不同，新工藝白茶乾茶在焦甜味中還透著白茶的清香，所以滋味很容易辨別。

新工藝白茶

新工藝白茶沖泡後，由於發酵程度比傳統白茶重，湯色更深一些，泡久了，就是橙紅色，而傳統白茶一般的湯色就是黃綠、杏綠、深黃，湯色的差別也很大。

新工藝白茶茶湯的口感更醇厚，更柔和，更像放了幾年後的白茶，而新白茶的口感更清鮮，有鮮嫩的味道。新工藝白茶從乾茶色、湯色和口感都容易和老白茶相混淆，所以在品鑑的時候要區別是否為老白茶。一言以蔽之，老白茶有歲月的沉香，這是新工藝白茶無論如何也達不到的，即便茶色和湯色已經有了老茶的模樣。

茶最後落實到一個「喝」字上，所以用心品味，才是喝茶的正道。

第三章　接天連地，恰那時相識—白茶的家譜

第四章
雕刻年輪 —— 老白茶

　　只知道，人老了，更具智慧，物老了，蓄滿故事，那茶老了，是怎樣的呢？一箱茶可以靜靜地在庫房的某個角一放就是十年，可以在家裡的櫃子，一忘就是七年，再打開，茶色已近黑色，蒙著灰，是深褐色的外衣。每次看見老茶，無論是老普洱還是老白茶，心裡都會有一種敬重，不由得肅穆起來，定神地看著茶，心念早已穿回到十年前的某天，一位年長的婦人，為剛出生的外孫女親手做的茶，箱體上寫上某年正月十九，一切自然而平靜，一層層地包裹起來，安放在通風陰涼處，只等她大了，一個特殊的日子，打開，品味成長的印記……

　　白茶和其他的老物品一樣，隨著時間雕刻的年輪，記錄著一年年的光陰，我們品老白茶，品沉香，感受順滑，感受醇厚，感受歲月沉澱的厚重，茶湯的顏色已經如葡萄酒般的紅，滋味飽滿而有張力。

　　這幾年，人們喝白茶的熱情越來越高，無意間，品飲老白茶被當成了一種品味的象徵，一種資深茶人的表達，那什麼樣的茶才能稱為老白茶呢？

第四章 雕刻年輪—老白茶

老白茶的定義

老白茶，俗稱陳白茶，是指在自然狀態下存放了一些年分的白茶，一般陳放三年以上的白茶才能稱為老白茶，包括老銀針、老牡丹、老壽眉（老貢眉），但是嚴格意義上說「老」白茶至少應該存放七年，才能有「老相」，從色、味、形、內質都呈現年分感。

現在很多人對老白茶有兩個誤解：一個是白茶越老越好；另一個是老白茶就是老壽眉。

針對第一個誤解，我們一起探討。我們都知道，任何東西的存放，都有存放條件要求，如果儲存條件不夠，這個東西就會變質。茶，對環境的要求更高，要想得到一款好的老白茶，需要密封、常溫、乾燥，最好還有通風的條件，否則，茶就會發霉變

質，產生對人體有害的物質。去年，我的一個朋友，好不容易幫我找到一箱銀針，十年有餘，興沖沖地打開試喝，不想一口喝下去，腹痛難忍，還有想嘔吐的感覺，喉嚨也不舒服，如中毒一般。這樣的茶，無論多少年，無論茶有多少故事，請你一定要遠離，為了健康。一個資深的同行幽默地說「喝茶是一件凶險的事」，又道：「喝茶有風險，端杯需謹慎！」看似調侃的話，是有幾分深意的。對於老茶，你根本不知道它的變遷，它的經歷，它的出處，如果僅僅憑自己肉眼所見，耳所聞，口內味覺的感受來判斷根本不夠，故事可以編，茶色可以偽造，茶味可以添加，然而有一樣是怎麼都騙不過去的，那就是我們身體的感受，一般簡稱為「體感」。人的身體就是最精密的檢測儀，感覺好的，就是好茶，那麼外在的茶形、湯色，就不很重要了。

還是說說喝老白茶的事，老白茶由於是存放了三年以上的茶，所以茶

色比較深，湯色隨年分的增加逐年加深，一般五年左右的茶呈橙紅色，湯色透亮，口感醇滑，甘甜，它的香更多是蜜糖香和幽幽的花香，伴著淡淡的陳韻。前些日子有兩個茶友帶來一款白茶，說是老茶。對於老茶，一定是有年分的茶，或以三年為界，或以五年為界，或以七年為界，在保存沒有問題的情況下，它一定是越來越醇和，越來越溫潤，茶毫亦完整。但這乾茶看上去呈淡褐色，芽頭還算齊整，毫極少。而當我們沖入開水，那道老白毫銀針，分明有焙火的味道，且茶毫殆盡，雖茶的顏色也像老茶，但茶味還有很重的澀，有鎖喉之感。

由此可知，並非越老的茶越好。在我們喝茶的同時，難免有很多的嘗試，但是千萬不要讓追求極致的心態為一些人提供了作假的藉口。事實上，自己存一款茶，感受茶的變化也是其樂無窮的。

第二個誤解是有一些人會常常問及，老白茶，是不是就是老壽眉。答案當然不是，老白茶，有老白毫銀針、老白牡丹，還有老壽眉。再問，那怎麼所見老白茶都是老壽眉。要知道，每年的白毫銀針只有在清明前可以採摘，極少是明後的，品質好的白牡丹也是以明前為主，明後的茶也不多，到了 4 月中下旬，茶樹葉長大了，都以壽眉為主，一直到 11 月分都可以採摘壽眉，所以壽眉的產量很大，而銀針、牡丹相對比較稀有。在白茶還沒有很大市場的時候，白茶本身產量也少，茶青多做成了綠茶和紅茶，也就是福建翠芽、白琳工夫、政和工夫等，甚至窨製成花茶。製作白茶看似簡單，其實不易，要求天氣，要求場地，要求做茶人的手藝。故而，留下來的多是壽眉，那很多人以為老茶就是老壽眉也是情理之中了。事實上，能得一款儲存得當的老銀針在老茶人眼裡稀貴如珍寶。

品賞老白茶

　　剛採下來的新茶，清香甘甜，喝的是口感，但此時的茶寒性大，身體虛寒的人不宜多飲；陳化三年後，茶性開始慢慢轉變，顏色也越來越深，湯色由原來的杏黃色變為橙黃色，這時候的香氣沒有新茶那麼明顯，但是滋味開始多了醇厚和蜜甜；七年後的茶，顏色近似深灰綠色，湯色也由橙黃變橙紅，茶味都融在湯裡，乾茶的香氣基本上聞不出來，但是沖泡後會有撲鼻的茶香，這種茶香不是清香，是有草藥味的香。

　　如果你是幸運的，會品到更老的茶，比如十五年左右的土茶，或者已經不知道年分的老白茶，它們乾茶的樣子不仔細辨認你會以為是黑色，但仔細看，其實是深墨綠色，泡開後的茶湯開始是酒紅色，然後是橙紅色，泡到十泡以後就呈橙黃色，一般可以出湯三十多次，等茶味淡去，就可以點火煮茶了，品質好的老茶通常可以煮三次，每次湯水滋味都有不同程度的差異，打開煮茶的壺蓋，你會聞到濃濃的粽葉香。老茶，到達一定年分的老茶，在沖泡過程中，你會感受這些香，首先是濃濃的藥香，再後來會有棗香，棗香褪盡，你會聞到粽葉香，也有人說那是米香，可能記憶裡粽子葉的香味裡都裹著糯米的味道，這時，湯水已經有些稀薄，對茶味要求高的人，就停杯了。每次喝老茶，感覺就是一同走過一段滄桑歲月。

曉芳窯四方杯

老白茶的功效 ── 「一年茶，三年藥，七年寶」

白茶是什麼？很多人脫口而出：「一年茶，三年藥，七年寶。」如口訣一般，在福鼎，婦孺皆知。這九個字，只白茶獨有，於是漸漸成了白茶的另一種表達。

提高免疫力，清肺、驅寒

都知道長期飲用白茶可以提高免疫力種種，對於老白茶的特殊功效近幾年來越來越受人們的關注。說到老白茶，它不僅有白茶的諸多功效（有專門的章節介紹白茶的功效），因為陳化了多年，寒性越來越少，漸漸程溫性，所以體質寒涼的人可以長期飲用，冬天可以把老白茶放在陶壺裡煮，再加兩顆冰糖和紅棗，對於驅寒和清肺都很有效。

敗火、消炎

老白茶對敗火、消炎有很好的輔助療效，特別是對慢性咽炎和伴有發燒症狀的呼吸道感染有很好的療效，對孩子的感冒咳嗽治療效果也很明顯。福建人有一些白茶偏方大家可以借鑑，如，將 3 克左右的白茶放在碗內，再放入溫水，加冰糖 10 克，隔水蒸 15 分鐘即可。

老茶湯

71

三抗、三降 —— 抗輻射、抗氧化、抗衰老，降血糖、降血壓、降血脂

老白茶，具有白茶的功效，由於時間讓它變得溫厚敦實，藥性更持久。對於老白茶的臨床試驗，海內外已經做了很多，一致得出結論，老白茶對於降血糖、降血壓、降血脂有明顯的功效，尤其對降血糖功效尤其顯著。其實不僅是臨床醫學給我們提供研究成果，我們身邊也有血糖改善的例證。我有一位老茶友，堅持喝了兩年多的老白茶，原本需要藥物維持血糖的正常值，一天需吃藥兩次，喝半年後，改吃一次藥，現在已經把藥都停了，血糖還是處於正常值。開始我以為他是誇大其詞，覺得喝茶所攝入的對於降糖的有效成分量應該不夠，但是後來得知，他每日必喝兩壺濃濃的老茶湯，飲食也配合上，加上鍛煉，自然是有可能的。當然每個人的狀況不很一樣，所以結果也是不盡相同，茶的功效僅限於保健，由於濃度沒有到一定量，希望在短時間內得到體質改善，這幾乎是不可能的。

緩解高原反應

老白茶除了有大家熟知的功效之外，還有一個有待探究的功效，就是可以緩解高原反應。高原反應也稱為急性高原病，是人體急進暴露於低氧環境後產生的各種病理性反應，是高原地區獨有的常見病。常見的症狀有頭痛，失眠，食欲減退，疲倦，呼吸困難等。頭痛是最常見的症狀，常為前額和雙顳部跳痛，夜間或早晨起床時疼痛加重。一般治療方法就是加大供氧量，也有輔助的藥物治療，其中會用到氨茶鹼。氨茶鹼具有舒張支氣管，增加心肌收縮力，並可降低肺動脈壓，改善換氣功能的作用，是可以常規使用的藥品。氨茶鹼的主要成分是茶鹼和乙二胺複鹽，其藥理作用主要來源於茶鹼，乙二胺只是增加其水溶性。

老白茶裡有一種物質叫茶鹼，茶鹼可使血管中平滑肌鬆弛，增大血管有效直徑，增強心血管壁的彈性和促進血液循環，從而有效的緩解高原反應，正是治療高原反應的有效藥物成分。

有人會提出，那其他茶裡也有茶鹼，同樣也可以緩解高原反應嗎？

當然可以，但是注意有茶鹼的同時，千萬別忽略茶性，老白茶，溫和，且白茶走肺經，這也有定論，那麼，去高原旅行的我們，首選的當然是一款順口的老白茶。

老白茶的鑑別

鑑別老白茶不是一件容易的事情，這需要經驗的長期積累，這裡我只說說一般的鑑別方法，從乾茶、湯色、口感、體感及葉底來細說。

老白茶餅

看乾茶

一款茶拿到手，首先看乾茶的茶色，達到一定年分的老白茶，和新茶相比，乾茶顏色都會有很大的差別。十年以上的顏色是深褐色，近乎黑色，有個可愛的茶友，見到十多年的白牡丹，脫口而出，這是東北野生木耳啊！細看，果然茶葉幹有些捲曲，且色呈蒙灰之狀。而五年的就不同，明顯還能看見淺褐色下面的綠，三年

的要是散茶，和新茶相比，綠有點褪掉的樣子，呈現灰綠。當然，散茶和餅茶也有很大的差別，同樣年分的散茶顏色不如餅茶那麼深，這是由於餅茶是在散茶的基礎上加了工藝 —— 蒸氣蒸壓以及烘乾，這樣無形中茶多了道發酵，體現出來就是顏色會深。

2000年老壽茶

新老白牡丹對比（左新右老）

老牡丹的湯色

老壽眉乾茶、茶湯、葉底

觀湯色

再看茶湯的顏色。十年以上老茶的顏色呈濃重的酒紅色，而五年的會是橙紅色。三年的還是橙黃色。順便說一句，茶湯的透亮度和茶青的品質有關，和年分的關係不是很大，當年品質好的野生茶茶湯清亮見底，十年後便是油亮可鑑。

口感甄別

從口感，相對來說比較容易鑑別茶的品質，茶的年分。品質好的茶，沖泡過程中就有體現，迎鼻的香，一般是藥香摻著蜜甜香，還有一種就是棗香，有了一定年分的茶，比如十五年以上，在福建存放的，會有沉香，聞起

來就是一種東西放久了的封塵味，和霉味有差別，它沒有刺鼻讓人不舒服的感覺，只是覺得已經是一件老物品了，一遍一遍地泡老茶，就像一遍一遍地吹掉塵土，露出茶味。五年的茶依稀還有青草氣，但茶湯的滋味已經醇和了很多。時間這個東西，就是奇怪，把人的性格磨掉了，也來磨茶，好在磨掉的都只是外在的虛華，真正的茶氣還在，而且爆發力比新茶更甚。我有這樣的感受，喝到一款老茶，兩口下去，全身通暢，而後額頭會有輕汗，後背熱熱的，似乎有人給你按摩，本來手腳冰涼野一下暖起來。常說老白茶暖胃暖身，只有自己感受才真切。

細品滋味

在品飲的過程，滋味也是鑑別年分的關鍵。十年以上的老白茶，若儲存得當，無論在北京存放還是福建存放，茶湯的滋味喝起來都豐富有內

涵，有人形容為圓潤潤的感覺，軟軟的就滑到身體裡。五年左右的茶，香氣猶在，滋味較新茶少一些張揚，多一些韻味，含在嘴裡，甜香兼有。近兩年的茶，再怎麼偽裝也有破綻，首先是不耐泡，湯色不夠亮，滋味薄而烈，喜歡對口內味覺衝撞的人，不妨選擇這樣的茶品。

體感

體感，是老茶裡最關鍵的鑑別法寶。一款上了年分的老茶，喝下去的感覺是一種舒暢，身體通暢發輕汗，手腳會有暖暖的感覺，思緒陷入回憶，身體浸在暖融融的老茶裡，是冬天最奢侈的享受。

看葉底

鑑別老白茶最後一道程序，就是看葉底，是老茶，它的葉底條索清晰，像老鹹菜乾的樣子，好的老茶葉底還會油亮有光澤，色澤是近似黑的墨綠色，當然這樣自然存放的老茶不常見，近乎絕品。

老牡丹（右）和老壽眉（左）的葉底

老茶餅的爭議

這裡我們討論兩個問題：一個是白茶餅，還是白茶嗎？另一個問題是散茶一定比餅茶好嗎？

白茶餅還是白茶嗎？

白茶餅，從 2007 年始創，天湖茶業有限公司做的「白茶第一餅」，為現代意義的第一批白茶餅。歷史上按記載也是有的，但是那時候是用銀絲白毫所製，大小如掌，作為皇上的貢品，製作方法洗、蒸、碾壓、烘，和我們現在所說的白茶餅很不一樣。我們現在喝的白茶餅，在白茶散茶的基礎上，加了類似普洱的兩道工藝——蒸壓以及烘乾。

中國茶類的劃分依據，是按照加工方法來分的，白茶之所以稱白茶，是因為製茶工藝是萎凋和乾燥，若為其他，則為其他茶類。有人質疑，那麼白茶餅還叫白茶嗎？

從嚴格意義上來說，應該稱作白茶緊壓茶，是以白茶為原料緊壓而成，和傳統的白茶有些區別。壓成的白茶餅可以極大地減輕庫存的壓力，一百斤的茶要是壓成餅只有一百多片，兩箱即可，要是散茶裝成箱，要五大箱之多。餅茶攜帶也方便，薄薄的一片茶，一把壺，就可以行走江湖了。

其實，壓餅，更多的人關心它的功效。喝白茶，很大一部人是為功效而飲，那工藝發生了變化，茶葉具有的功效有效成分還在嗎？當然在。因為茶底經過蒸壓，香氣會受到影響，然後又烘乾，這樣無形中加速了白茶的轉化，所以同年分的白茶餅茶湯色要比散茶深，口感更醇和。

白茶餅的壓製，一般有經驗的廠商會將陳化三年的老茶壓餅，而不會拿新茶做餅，陳化三年後，茶性相對穩定，此後的轉化漸漸地減慢，

① 2007 年「白茶第一餅」
② 2005 年白茶餅
③ 2013 年壽眉餅
④牡丹餅
⑤ 2003 年土茶餅

這時候可以壓餅儲存。若當年的新茶壓了茶餅，鮮爽氣喝不到，醇厚度也沒有，新茶壓出來，茶湯常常會出現酸悶的味道。所以當年品質好的茶，建議就散著存放，三年後看看轉化程度，如果呈現「老相」，可以考慮壓餅。

由於白茶的壓餅工藝不是很成熟，很多餅茶會出現這樣那樣的問題，比如有的茶餅壓得太實，很不利於後期轉變，有的甚至有「焦心」，有些人會把「焦心」這種現象和儲存不當的發霉變質相混，其實這種現象出現的原因主要是因為茶餅壓得太實，沒有及時烘乾餅心，以至於出現了「碳化」現象，這樣的茶可以飲用，但是茶餅內外的口感差異比較大。

散茶一定比餅茶好？

散茶一定比餅茶好嗎，這個問題，很多人都會問，很多人都會想。我想這個問題可以從幾個角度去看，一個從茶葉的年分來看，還有從白茶的品種來看。

2012 年壽眉

從茶葉年分看，新茶，由於味清鮮，若經過高溫蒸壓後，茶味有悶熟的青味，而陳化幾年後的白茶，茶性較穩定，茶味也醇和，這時候壓餅，比較適宜，存放方便，而且口感還有層次。故而，就新茶而論，散茶比餅茶滋味清香，口感爽甜。就老茶而論，餅茶比起散茶，各有優勢，餅茶儲存比較方便，口感相對原來的散茶，也不會有太多的改變，滋味由於在蒸壓烘乾過程中發生了輕度的發酵，使得口感更加醇厚；散茶，口感純度高，對於後期進一步轉化比較容易。

從茶葉品種看，適合壓製白茶餅的以粗老葉的壽眉為主，有些低級牡丹壓餅也比較多。銀針都是單芽，壓餅會破壞它的芽形，白毫也會有一定程度的脫落。所以銀針一定是散茶比餅茶無論是滋味還是香氣都要好。白牡丹，級次高的如同銀針，也是建議散存，不宜壓餅，級次低的牡丹，陳化三年後，可以製作餅茶，對茶味的提高會有一定程度的幫助。壽眉，陳化三年後壓餅，當年還是喝散茶的鮮爽度。總之，適合壓白茶餅的以粗老的壽眉為主，並且需要陳化三年以上。

關於老白茶的一點忠告

真正的老茶，在我眼裡是奢侈品，不是因為它很昂貴，而是因為它身載幾千個日月的流轉，而且它真的很稀有，若能喝到一款保存得當，茶青上乘的老白茶，只能說你是多有福氣的人啊。

在挑選老白茶時，請避開賣茶人給你的故事，避開告訴你的年分，避開所見的茶色，請用心去喝，必要時，閉上眼睛，聽聽自己身體的回音，喝下去，舒服的，就是適合你的好茶。每個人體質有別，一段時間身體狀態也有高低起伏，所以一定要撤去外在的標籤，比如品種，比如年分，比如產地，這些都不重要，茶，最後落實到一個字，就是「喝」，健康，身體舒服是喝茶需求的根本，千萬不要捨本求末。說到這兒，記起一

些想喝白茶的朋友經常問我有沒有二十年以上的老白茶，我反問他，為什麼一定要喝那麼老的茶，回答堅定而直白，道：「喝白茶，一定要喝二十年以上的老白茶才夠格！」這樣的回答很誠實。其實他喝茶不是為了自己喝，是為自己的面子而喝茶，網路也在宣揚一種品質生活，喝著老白茶，燃著沉香，把玩一串珠子……我不否認這樣的生活確是很愜意，但若是為了炫耀而擺弄似是而非的品味物品，就不是愜意，而是把自己當一個直播間的主角，恨不能別人都知道自己已經有這樣的生活了，若沒有人欣賞和羨慕，茶就喝得落寞而無味，不如一杯白水，我一邊為這種人悲哀，一邊為茶鳴不平，茶落到這樣人的杯裡，只能是茶的宿命。還有，不知道你有沒有發現，因有這樣的執著，市面上的老茶就越多，試想，二十年前，有多少人在做白茶，有多少人在存白茶，這難道不是在鼓勵一些商家造假嗎？有買家才有賣家，如若每人

第四章　雕刻年輪—老白茶

都真實面對自己，只要茶合自己的口味，喜歡就好，那麼杯中茶和心所念可能會不一樣。

　　比較推崇一個資深茶友的喝茶理念：茶，很簡單，分能喝和不能喝，能喝的論你的喜歡，不能喝的統統扔掉！聽起來，有些極端，但很實用。

　　很多時候，人在喝茶的時候，像是被茶牽著鼻子走，一說要喝十年以上的老茶，就被十年固定住了，成了定式，覺得十年以下的茶都不好喝，還造了很多理由。執著有時候不是壞事，我也經常為一把壺，一隻杯子牽夢多日，可每每得到了，成了廳室中平常的一個擺飾，漸漸忘了它的存在，回頭想來，不如不得，倒還稀罕。總覺得，人喝茶，不能為茶所累，那樣全沒有喝茶的樂趣。

　　在大家一味追求喝老白茶的時候，請停下腳步，看看新茶，其實新茶的鮮靈度，蘊含著的春天的氣息，是老茶不可及的。對於老茶，新茶，我覺得二者只是不同，沒有高低之分，不要因為你是喝老茶的就覺得自己比喝新茶的水準高，喝茶，主要看你想要怎樣的口感，怎樣的味道，魚和熊掌各有其美。

第五章

至真至簡，至純至淡
── 白茶的加工

　　每次喝茶，看杯中萬千丘壑，或紅或綠或青或黃，總想一個問題，一片樹葉，怎麼會有如此多的變幻，茶家族的成員多達數以萬計，我們的先人得做多少嘗試才能做成這麼多品種的香茗，讓茶的世界如此芬芳，如此多彩……

　　萬種茶，不外乎歸為六大類，為綠、白、黃、青、紅、黑，這六類茶囊括了所有的初加工茶，這六大茶類稱為基本茶類。再加工茶和深加工茶不屬於六大茶類的討論範疇，這裡需要說明一下，大家所熟知的花茶就屬於再加工茶，還有各種花草茶，屬於代飲品，也不屬於六大茶類。

白茶製作技藝的傳承

前面我們已經知道六大茶類的分類依據是加工工藝，這裡我們將一起重點探討白茶特殊的加工工藝 ── 看似簡單然而並不容易。先看看老製茶人怎麼說：「做茶其實很辛苦，早晨要早起，晚上要晚睡。白茶做起來看似容易，做好也很難，大師傅也有失手的時候。」說這句話的人是梅相靖老師，福鼎白茶製作技藝傳承人，他也是點頭鎮柏柳村白茶梅山派的傳人。他的祖父梅伯珍（生於光緒元年 1875 年，字步祥，號筱溪，）以種植、製作、經營白茶起家。據梅氏後人梅秀菁《筱溪公傳略》載，梅伯珍年輕時以茶業為生，1939 年被推薦為福鼎茶業新設示範廠總經理兼副廠長，1940 年任福建省茶業十廠聯合採辦經理。隨後幾十年他奔走於新加坡等地做茶生意，聞名海內外茶界。梅伯珍晚年回到家鄉柏柳村，把自己經營白茶的經歷整理成稿，名為《筱溪陳情書》，內容詳實，現存原稿。文中有敘：「時餘負有微債，僅分小店屋榴半，茶園數坪，餘無別業……幸蒙岳父陳君奉來白毛茶（即白茶，福鼎方言）苗數十株，囑咐我開山栽種，幾年分支同插，不數年間，可收穫六七十元。」梅伯珍 66 歲時，時任福建省建設廳廳長莊晚芳題寫「苑耆英」牌匾贈送，匾額上還有一段文字：「經理業茶有年，素報提高國產為宗旨，對產製之研究尤有心得。本年襄助鼎產改良製造，足為諸商示範。將來閩茶之聲色，實有賴於先生之賜也。爰弁數語，以志闕功。」可見梅伯珍先生對白茶的貢獻非同一般。這匾額至今還保存在他的曾孫梅宗亮家裡。查了相關資料，根據梅氏譜系結合白茶技藝傳承情況，我們看一下福鼎白茶製作技藝梅山派傳承人排序：梅伯珍是第一代傳承人；第二

代是梅伯珍的四個孩子，分別是梅毓芳、梅毓厚、梅毓淮、梅毓銀；第三代為「相」字輩，子嗣眾多，做茶的人也不少，但有突出表現的就屬梅相靖，所以定他為第三代梅派白茶技藝傳承人；第四代為「傳」字輩，梅氏子嗣眾多，暫未定人選。

事實上，福鼎白茶傳統製作技法要是再細敘，據福鼎鄉土文獻記載，福鼎白琳翠郊吳氏也算一派，據說係春秋時期吳國夫差的後裔，清乾隆年間做白茶，生意興隆，家業興旺，至今規模宏大的吳氏古民居和相關的製茶工具依然可見。在清咸豐七年（1857年），福鼎點頭鎮柏柳村陳煥等人發現「綠雪芽」茶樹後，也移植家中栽培。光緒三年（1877年），黃崗周開陳也移植、培育了白茶樹。所以，吳、陳、張、周理論上才是第一代白茶傳承人，今由於無法理出傳承脈絡，所以就擱置了。還是梅派傳承脈絡清晰，文字記載詳實。

古跡

筱溪陳情書

老茶人梅相靖之所以能成為傳人，是有他獨特的製茶技法與心得的。且聽他說說傳統白茶的製法：「採青，以前講「一刀一槍」，現在的說

法是「一芽一葉」；晾青要掌握時間，晚上晾到竹匾上，讓室內通風，茶青軟了以後早上拿到戶外晒，要背著陽光晒，不能直晒，陽光太強，茶葉就會發紅。白毫銀針要攤開晒，攤得很稀，一個竹匾晒到的乾茶只有一兩。銀針以晒為主，以焙為輔，用竹籠木炭焙最好，耐放，不易變質。」他每年按傳統的白茶製作方法，大概只能做十幾擔（約合一千多斤）的白茶。梅相靖喜歡以古法做白茶，他說「自然萎凋的白茶喝了不脹肚子，室內萎凋的就會。」

老茶人製作白茶用的古法，其實就是上古晒製草藥的方法，工序簡單然而做法不簡單。

白茶的加工方法簡單而言，歸結為六個字：採摘 —— 萎凋 —— 乾燥。採摘，就是茶鮮葉的採摘；萎凋，是對鮮葉的萎凋，是一個水分的散失過程；乾燥，是對已經有八九成乾的茶葉進行乾燥。乾燥後繼而裝箱，儲存。適合製作白茶的茶樹種有福鼎大白茶、福鼎大毫茶、福安大白茶、福雲六號以及政和大白茶，這在前面已有介紹。而決定白茶品質的關鍵是採摘和加工環節。

白茶在加工過程中，核心的工藝，也就分為萎凋和乾燥兩道。具體加工種類又分為初製加工和精緻加工、深加工。

白茶的加工流程

鮮葉的採摘

鮮葉的採摘按白茶品種分，要求各有不同，白毫銀針的要求高，是以芽頭肥壯、白毫顯露的單芽作為原料；白牡丹其次，以一芽一二葉為原料；壽眉採摘的要求相對要低，有芽有葉，不帶對夾葉就行。採摘方法有徒手採摘、機械採摘。

真葉：真葉是植物真正意義上的葉子，茶樹葉片一般指真葉而言，因品種、樹齡不同，有很大差異，葉形以橢圓形和圓形為多。

魚葉：亦稱「胎葉」。茶樹上新梢抽出的第一片葉子。因形如魚鱗，故得此名。

福鼎白茶銀針鮮葉

政和白茶鮮葉

第五章　至真至簡，至純至淡—白茶的加工

　　徒手採摘，就是不借助任何工具，直接用手工採摘。這種方法是目前茶葉生產上最常用的一種方法。手工採摘的優勢就是靈活方便，易於按照標準採摘，尤其對於茶芽的採摘，手工採摘有絕對的優勢。手工採摘的茶樹採摘週期長，批次多，缺點就是採摘費工、費時。具體採摘方法有：打頂採摘法（打頂養蓬採摘法）、留真葉採摘法、留魚葉採摘法。採茶手法，有折採、扭採、抓採、提手採、雙手採。

　　打頂採摘：適製高級銀針。適合的茶樹是二三年樹齡的茶樹，待新梢長至一芽五六葉以上，實施採摘。摘時要採高蓄低，採頂留側，摘去頂端一芽二三葉，留新梢基部三四真片，以促進分支，擴展樹梢。

　　留真葉採法：這是一種採養結合的採摘方法，新梢長到一芽三四葉時，採下一芽二三葉，留下真葉不採。

　　留魚葉採法：新梢長到一芽二三

徒手採茶

葉時，採下一芽一葉，或一芽兩葉，留下魚葉不採。

　　機械採摘，也就是借助機械代替手工採摘茶鮮葉，這種採摘方法相當程度提高了生產效率，適合低檔白茶鮮葉的採摘。這種採摘方法對於提高產量有很大的幫助，但是僅限於低端的白茶採摘，對於採摘要求高的單芽

或一芽一葉，機械採摘的鮮葉就不能符合要求。現在用的採茶機械多是日本的小型機械。

白毫銀針採摘要求

首先，鮮芽的挑選。以春茶頭一、二輪的頂芽品質最佳，到三、四輪後多為側芽，較瘦小。有經驗的茶農，將老茶樹在頭春採摘後，馬上進行臺刈，這樣秋天又可以採到品質好的銀針。「秋針」的品質和「春針」相當。其次，採摘要求也十分嚴格，規定雨天不採，露水未乾不採，細瘦芽不採，紫色芽頭不採，風傷芽不採，人為損傷芽不採，蟲傷芽不採，開心芽不採，空心芽不採，病態芽不採，號稱十不採。只採肥壯的單芽頭，如果採回一芽一二葉的新梢，則只摘取芽心，俗稱之為抽針（即用左手拇指和食指捏住茶身，以右手拇指和食指把葉片剝下，分開芽葉，芽稱鮮針）作為加工銀針的原料。

白牡丹採摘要求

白牡丹的採摘要求比較高，要求白毫顯，芽葉肥嫩。品質好的白牡丹採摘標準是春茶第一輪嫩梢採下一芽一葉、一芽兩葉，芽和葉都要求披白毫，芽葉的長度基本一致。級次高的白牡丹只在春天採，夏季芽瘦，不宜採摘。現在白牡丹一般採用大白茶作為原料，很少用到菜茶，由於菜茶量少，芽葉沒有大白茶肥厚，製成的白牡丹無論從外形和口感都不及大白茶。

壽眉的採摘要求

壽眉採摘要求一般為一芽二三葉，採摘時間最早也要到 4 月下旬，以葉為主，有茶毫，並有少許茶芽。一般用福鼎大白茶和政和大白茶作為原料。

萎凋

萎凋是製作白茶的重要工序之一。所謂萎凋，是指鮮葉在一定的氣候條件下，薄薄攤開，開始一段時間裡，以水分蒸發為主，隨著時間的延

長，鮮葉水分散失到相當程度後，自體分解作用逐漸加強，隨著水分的喪失和內質的變化，葉片面積萎縮，葉質由硬變軟，葉色由鮮綠轉變為暗綠，香氣也相應改變，這個過程被稱為萎凋。

萎凋分為室內萎凋和室外日光萎凋兩種。製茶人要根據氣候靈活掌握，以春秋晴天或夏季不悶熱的晴朗天氣，採取室內萎凋或複式萎凋為佳。

日光萎凋

日光萎凋是將採摘的茶鮮葉均勻地攤放在水篩上，在太陽下進行晾晒，達到萎凋的目的。最好晾晒時間是早上 8 點到 10 點，下午 3 點到 5 點，鮮葉之間要有空隙，否則茶葉會有紅邊，最好是風和日麗的好天氣，有點小風，二三級最宜，要是吹北風便是茶葉的造化，這樣條件下做出的茶葉不僅滋味鮮，茶色還綠。

以 2014 年福鼎野生銀針為例，若那幾日適逢做茶的好天氣，鮮芽薄薄均勻攤晾於水篩，鮮芽之間有間隙，不能交疊，有微風吹過，暖暖的陽光晒在茶葉上，一天下來就可以並篩，第二天如頭一天勞作，晚上將茶堆放，堆放會促發輕度的發酵，如此反復，並篩，晾晒，堆渥，需要四

日光萎凋

天，一批銀針才可以出來。這樣的銀針有太陽的味道，也有鮮靈度，滋味還有醇醇的甜。而這不僅需要天氣相助，更重要的是做茶師傅的把握，每一個步驟完成得恰到好處，是需要經驗和對茶敏銳的感知的。所以能品到品質好的純粹日光萎凋出來的茶很不易，要天公作美，要晒製環境符合要求，還要做茶的師傅的經驗和悟性。總覺得，凡事做法都相通，深諳事物的規律，才能做到遊刃有餘、得心應手，這需要經驗和感知力的結合，在那麼多做茶的人裡，能遇到一兩位洞察茶性的師傅，實乃大幸。

室內萎凋

室內萎凋是指將鮮葉均勻攤晾在水篩上，置於室內，依具體茶葉的萎凋要求，可以人為提高室內溫度，增加空氣流通，加速鮮葉失水速度，從而達到萎凋的目的。室內萎凋可以分為室內自然萎凋和加溫萎凋兩種方式。室內自然萎凋的方式和加溫萎凋方式的選擇應用，主要依天氣而定，

若空氣中水汽大，溫度也低，就需要加溫，若天氣晴好，鮮葉放置室內，便可以選用自然萎凋。

自然萎凋，就是將新採的鮮芽均勻地攤放在水篩上，置於通風處或者微弱的陽光下攤晾到七八成乾，這個萎凋過程沒有人為的加溫與增加空氣流通，在自然的狀態下完成萎凋過程。傳統室內萎凋的方式多為在室內

置一個加溫爐，增加溫度，置排氣設備，加速空氣流通，室外配熱風發生爐，通過管道均勻散布到室內，使得萎凋室內溫度增加，提高失水速度，加速鮮葉萎凋過程。室內萎凋的最大的優點是不受天氣的影響，人為可控的因素多，萎凋的程度可以人為控制，室內萎凋節省空間，不像室外要求很大的場地進行晾晒。缺點是沒有日光萎凋的滋味，還費工費時。

過去室內萎凋都是靠加溫爐灶和加排風扇，來實現簡易的室內萎凋。現在有條件的廠商用空調萎凋，這對於規模化生產很有必要。在不同

的條件下做出品質穩定的白茶，要求做茶的師傅水準高，經驗豐富，技術過關。室內萎凋對技術的要求尤其高，碰到陰雨天，若在室內萎凋時間過長，就會出現茶葉發霉變質腐爛的現象，時間過短，茶葉則會有青臭氣，萎凋尺度的把握需要做茶師傅因實際情況的不同做相應的調整。

室內萎凋

複式萎凋

複式萎凋要求製茶人根據製茶的需要將日光萎凋和室內萎凋相結合，這樣做出來的茶既有晒製後的味道，茶湯也會更醇厚。一般採取複式萎凋是因為天氣的原因，也有出於對茶品要求的考慮。

不同產地的白茶萎凋方法也不同，政和白茶採用的是室內萎凋，福鼎白茶採用日光萎凋和室內萎凋相結合的方式——天氣晴好，採用日光萎凋；遇到陰雨，採用室內萎凋。

乾燥

白茶的烘焙可用焙籠或烘乾機進行，由於白茶萎凋方式、萎凋程度不同，故烘培的溫度和烘焙次數亦有所差別。

烘籠烘焙

烘籠（焙籠）烘焙是舊時的白茶乾燥方式，主要用於自然萎凋和複式萎凋的白茶生產。其方法有一次烘培與二次烘焙法。萎凋葉達到九成乾的，採取一次烘焙；萎凋葉只達到六七成乾的，需要兩

次烘焙。

這種方法只有在製作傳統白茶的時候才會用，古法製作還會用炭火烘焙，這炭火烘籠烘焙法過程不僅繁瑣，而且需要很豐富的經驗和很高的技術，只有有經驗的老師傅才能做得很好。

烘乾機烘焙

萎凋葉達到九成乾的，採用機器烘焙，進風口溫度 70 ～ 80℃，攤葉 4 公分厚度左右，歷時至足乾；七八成乾時的萎凋葉分兩次烘焙，初焙用快盤，複焙用慢盤，至足乾。現在有的廠商為了提高效率，保持白茶的綠色，減少青味，烘乾溫度設置為 120℃～ 150℃。

這種乾燥的方法，是現在普遍採用的，能極大地提高生產效率，技術要求也沒有那麼高，易於操作，一次出茶量還大。

還有一種乾燥方法，在天氣特別好的時候才能用，就是一晒到底。這種做茶的方式對天氣有很高的要求，包括氣溫、風力、風向、空氣溼度，這種方式一次做出來的茶量不可能太大。這樣的茶卻是完全斷了煙火氣的，喝起來沒有一點烘焙的味道，都是春日暖陽的氣息，這種一晒到底的方法可遇不可求。

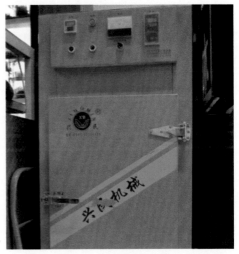

烘焙機

白茶的精加工

對於白茶精加工和深加工的記述，我比較推崇《中國白茶》裡的文字總結，並做了節錄整理，供茶友了解白茶初加工後的後繼工序。

初加工後，需要對毛茶（鮮葉加

工後的產品）進一步整理、挑選、拼配，稱為精加工。由於毛茶的來源、採製季節、茶樹品種、初製技術等不同，品質差異很大，品質也夾雜不純。為使品質優次分明、純淨、勻齊、美觀，必須進行精加工。白茶精加工的具體要求主要有：

(1) 整理外形、勻齊美觀。由於同一批茶中會有不同的形態、長短、鬆緊、曲直，透過加工進行處理，達到成品茶勻齊美觀的要求。

(2) 劃分等級、各歸其類。由於毛茶粗嫩混雜，透過精加工，劃分等級，統一規格。

(3) 剔除異雜，提高精度。就是把茶裡面的雜質挑出來，提高茶葉的淨度，提高茶葉品質。

(4) 充分乾燥，發展香氣。對於含水量高的茶，需要再次烘乾，提高香氣，易於儲存。

(5) 成品拼配、調劑品質。依據各成品茶的特點進行拼配，取長補短，調劑品質，達到規定的品質要求。

具體技術要求

(1) 毛茶驗收、複評定級、歸堆。做好毛茶驗收、複評定級、歸堆是白茶精加工的開始，也是增加效率，減少成本的關鍵。

(2) 毛茶原料選配。由於毛茶品質特徵不同，在付製之前要對原料進行適當的選配、調劑，充分發揮原料的經濟價值，使加工後的產品達到規定的品質標準要求。

(3) 擬定毛茶加工計畫和製率測定。根據毛茶加工生產任務，擬定全年加工計畫，合理安排原料的使用。

(4) 毛茶加工基本作業及作業機械。整個加工程序有揀剔、乾燥、拼和、勻堆、裝箱等作業。因等級不同，白茶的精加工工藝也有差異。

銀針的分級挑選

銀針的分選

白茶評審

第五章　至真至簡，至純至淡—白茶的加工

有關精加工的名詞

撩篩：也稱「撈篩」，茶葉精製工序之一。目的是分離茶葉的大小，包括長短、粗細、輕重、片末茶，以便分別加工。按照運動形式分圓篩和抖篩，平面圓篩又可分為分篩和撩篩，主要分茶葉長短和大小，需要反復3、4次，第一次為分篩，以後幾次為撩篩。

撩上、撩下：是指撩篩時具體撩起篩上還是篩下的茶葉。

枯紅片：色暗紅無光澤的葉片。質地粗老加工不當的紅毛茶，色澤常呈枯紅，表明品質差。

紅花片：性狀粗大，色澤發紅且帶黃的葉片。

光細梗：是指沒有茶葉附著，只有一根細細的梗。老梗：是指粗老的梗，形同樹枝。

蠟片：葉面平而有蠟質光澤的茶葉，一般呈金黃色，作為剔除對象。

工藝流程

根據《白茶標準綜合體》的規定，有關白茶的製作工藝流程如下：毛茶—勻堆—揀剔—拼配—正茶—勻堆—烘焙—趁熱裝箱

1. 揀剔：揀剔作業是純淨品質的重要工序，主要以手工操作為主。

2. 拼配：主要根據各級標準樣水準，確定花色級別，分別拼堆，稱為各級茶坯。

3. 勻堆：按半成品勻堆通知單規定的各堆號茶的數量進行勻堆，做到各堆號茶上、中段茶分散、均勻一致。

4. 烘焙：白茶裝箱前必須經過烘焙，要求高級茶烘乾溫度掌握在120℃～150℃。中低檔溫度在130℃～140℃。

5. 裝箱：白茶裝箱採用熱裝法，即勻堆茶隨烘隨裝，茶葉烘到呈一些軟態時裝箱不易斷碎。裝箱用「三倒三搖法」，分層抖動、壓實。

主要精加工工藝

　　精製工藝是在剔除梗、片、蠟葉、紅張、暗張之後，以文火進行烘焙至足乾，只宜以火香襯托茶香，待水分含量為4%～5%時，趁熱裝箱。

白茶裝箱

白茶的深加工

　　白茶的深加工主旨是最大限度地保留白茶的風味與保健品質。深加工品的基礎形態是即溶的白茶粉、超微粉碎的白茶粉、白茶濃縮茶水，其他產品在這基礎上再加工，比如許多的食品、化妝品、食品添加劑等等。

深加工產品

加工之道

　　白茶的加工工序簡而言之，一晒一烘，即可。看似簡單的製作方法，卻不容易做到。我總說要做到「天時、地利、人和」方能得到一款好茶。一款傳統製法的白茶，需要好的天氣，氣溫在 20℃～ 25℃之間，有二三級風，風向為北風，太陽朗照，溫暖和煦，稱為得「天時」；所採的鮮葉芽頭肥壯，白毫披身，集山野之靈氣，所謂得「地利」；做茶少不得需要一位資深的師傅，將茶如何均勻攤晾在水篩上，什麼時候需要並篩，什麼時候烘乾，烘乾設備的溫度、風力的調定，所需時間是多少，都是需要嚴格把關，靈活控制，這稱為「人和」。只有同時達到天地人的極度統一，才能得一款極品的茶。

　　我把這種簡單稱為精緻的簡單，完美的簡單，極致的簡單，而不是隨意的一晒一烘，也不管茶色、茶味。這時候我總會想起攝影作品，美的作品都很相似，畫面極簡單，光與影配合的恰到好處，呈現出視覺的盛宴。每見到讓人驚嘆的攝影作品，就有走進去的衝動，同時還有一種疑惑，覺得那不是真的。有攝影的朋友介紹自己的作品說，為了一束恰到好處的光，需要幾十次的嘗試和等待，對於他，每一個作品都像一次邂逅，今生唯一的際遇。白茶，何嘗不是這樣的呢，每次看杯裡的芽葉浮沉，不禁會感嘆一片樹葉的神奇，經過這樣的簡單工序，就完成了它完美的變身。白茶的神奇還有它的後期轉變，不屬於初加工的工藝，但對於老白茶，讓茶性發生了一定程度的轉變，應該算是加工的一個延續。有人說簡單就是美，自然就是美，這兩點，無論怎麼看，白茶是做到了。

第五章　至真至簡，至純至淡—白茶的加工

第六章
喚醒沉睡的太陽
── 白茶沖泡技巧

　　總有一個夢，夢想自己可以收集春天的散陽，暖暖的，攜著草香。打開收集瓶，就浸在春天裡，有太陽晒過的青草味，似有似無的野花香，綿延的泥土氣……春天，在南方，雨天多，即便不下雨，也是陰綿綿的，心情也跟著霧濛濛，一有太陽，心情才晴朗起來。

　　一日，喝到了白茶，才發現自己的夢是真的，白茶就是收集陽光的孩子，然後沉沉地睡去，熱水又把它從睡夢裡喚醒，它依然是春天的姿態，春天的氣息，並一點點釋放收集的春光。白茶，獨有太陽的味道！

　　沖泡白茶，如喚醒沉睡的太陽。

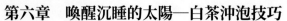

泡茶前的閒話

每次說沖泡方法之前，都喜歡說些閒話，說些與沖泡方法無關又有關的話。

很多茶友，說不會泡茶，想上茶藝班學習，有學習的態度固然好，人的一生都需要學習，但是「茶藝」學習完，不一定你就能泡好一道茶，茶藝是行茶的藝術，在我認為是一種美學，覺得更多的是教你泡茶的流程和提升美感的方法，而與如何泡好一道茶的茶技並無太大的關係。又有人問，那如何泡好一道茶，有沒有技巧呢？在已經熟知流程，熟知茶性的人面前，可以授以「巧」字，而若對茶本身一無所知，茶也就是解渴的代飲品，無所謂技巧。所以「巧」是在「技」之後而得的。

又有人問，我已經有泡茶之技了，怎麼還沒有把茶泡好？我只能說，你的功夫還不夠，用心還不夠，和茶的交情還不夠。當然，不是一個人有成熟的泡茶之技，有諳熟泡茶之巧就可以泡得好茶，就如一位有名的畫家說不是每一幅作品都值得留存，有些作品甚至於都不屑掛於廳堂，泡茶也是一樣的道理，同樣的茶，相同的人，在不同的時間，不同的心情下，泡出的茶味也是不一樣的。相對來說，老茶人對茶味的把握更穩定一些，每一次茶味基本不會有太大的變化，這需要功夫，不斷的練習找到茶和水之間的關聯和規律，自然就可以泡出想要的茶味。

再說品茶，一直認為，不僅僅是將茶水喝到嘴裡，調動口腔內的所有味蕾，並細細的感知它，而是讓自己身體的眼睛、鼻子、耳朵，還有身體其他各部位都參與進來，一起來品茶。可以分三個步驟來感受。第一，對於乾茶之品，看乾茶色、茶形，聞乾茶香；第二，對於沖泡中的茶，同

樣也是觀形，觀湯色，聞香，品滋味（入口、入喉、回甘、體感）；第三，對葉底的品賞，觀形，聞香，手觸或口嚼感受葉底的柔嫩度。看起來都是眼睛、嘴巴的事情，耳朵沒有參加進來，其實耳朵在一開始就聽到茶聲，將壺或杯用開水溫過，乾茶置入，隨即輕搖，如喚醒之前的晃動，如果條形緊結，便是鏗然有聲，若條索鬆且輕，便會有沙沙的聲音，如炒瓜子的聲音，只要茶足夠乾燥，都會有明顯的顆粒感，所以耳朵也可以聽出茶形和茶的乾燥度。再有就是身體的感受，身體每時每刻都會告訴我們這茶的優劣，只要我們足夠的靜心。即便身體反應遲緩的人，喝到好的茶也會渾身通透，微汗輕發，喝到不舒服的茶，會有不同程度的不適感，這就是體感。

對於白茶的沖泡需要多說兩句，白茶因加工方法簡單，茶葉外形自然，沖泡方法也多樣，所以品飲白茶沒有特別的要求和規定，小杯品啜、大杯豪飲，熱飲、冷飲皆適宜，即便從早浸泡到晚的濃茶，都會各有其味。但是因其加工僅萎凋和乾燥而成茶，所以豐富的內容物不易浸出，需尋得最適宜的沖泡方法，方能感受到白茶的「蜜韻毫香」。

在這一章裡，我先介紹泡茶之水和泡茶之器，概略地列舉一下白茶的幾種沖泡方法，再具體列出白毫銀針、白牡丹、壽眉以及老白茶最適宜的沖泡流程，當然這些只是入門之技。

沖泡之水

「水為茶之母」，「茶性必發於水，八分之茶，遇十分之水，茶亦十分矣；八分之水，試十分之茶，茶只八分耳！」這是古代茶人經過反覆品試後得出的結論。

可見水的優劣直接影響茶的品質表現，古人對於泡茶之水的研究有個專家，就是唐代的陸羽，所著《茶經》之「茶之煮」對泡茶之水有詳細的介紹說明：「其水，用山水上，江水中，井水下。其山水，揀乳泉、石池慢流者上；其瀑湧湍漱，勿食之，久食令人有頸疾。又，多別流於山谷者，澄浸不泄，自火天至霜郊以前，或潛龍畜毒於其間，飲者可決之，以流其惡，使新泉涓涓然，酌之。其江水，取去人遠者。井水，取汲多者。」他建議用山上鐘乳滴下的和山崖中流出的泉水，江裡的水和井裡的水泡茶要差一些，實在需要用，遠離人煙的江水和一直有人喝的井水也可以。很羨慕古代人有那麼多的選擇，而且水源於天然，我們天天用的自來水都不知道源自哪裡，泡茶之水也只有自來水、純淨水和各種品牌礦泉水

可選擇。針對我們現有飲水情況，介紹一下沖泡白茶所用之水。

　　新的白毫銀針和白牡丹的沖泡用水最好用甜度比較好，偏中性的礦泉水，酸鹼度 pH 值在 7.0 ～ 7.2 之間，實在沒有合適的礦泉水，純淨水也行，但是建議要用 pH 值低於 7.2 的水，鹼性太大的礦泉水，會直接影響銀針的滋味，具體表現為出現不同程度的澀感，喉韻比較差，茶湯的細膩度也會減弱。最好不要用自來水，自來水有很重的氯氣味道，對茶，尤其對新的白茶簡直就是奪味之災。另外，水溫 90 度即可，比綠茶所需水溫高一些，比沸水低一些就好。

　　新壽眉的沖泡對水的要求比較低，一般的水都可以，但是想要有完美滋味的呈現，還是用礦泉水好一些，純淨水其次，最不適合用自來水。尤其是北方的自來水，鹼性大，氯氣味重，實在不適合泡茶。

　　老白茶的沖泡或者煮飲時所選擇的水首選礦泉水，可以用海拔較高的礦泉水，這樣的水張力大，可以把茶的味道都激發出來，讓老茶在煮泡過程中盡顯茶味，茶湯也會醇厚而味濃。純淨水是任何茶退而求其次的選擇，純淨水在激發茶味這方面沒有幫助，但也沒有降低茶味之嫌，所以各種茶在試飲過程中都會選擇純淨水。自來水對於老白茶同樣也是不合適的，但是僅僅喝它的功效，對茶的滋味沒有太多要求的，用自來水也可以。

沖煮之器

茶器對茶的影響雖然沒有水那麼顯著，但是重要程度一點不比水弱。水既為茶之母，器必為茶之父，泡茶之器一般用玻璃杯、瓷壺、紫砂壺、陶壺、銀壺，煮茶之器一般用陶壺、紫砂壺、鐵壺、銀壺。也有用金壺沖泡和煮茶的，但那只是極少數人的奢侈。

沖泡白茶所用器具的選擇一般因茶而異，新的白毫銀針和白牡丹沖泡器具多會選用玻璃杯和瓷質的泡茶器，這兩種材料密實性很好，杯體不會吸味，能完整地保留茶香。沖泡新壽眉的茶具建議用白瓷或者青瓷所製的蓋碗或壺，用朱泥的紫砂壺也是不錯的選擇。老白茶適合用的煮泡茶之器為紫砂壺、陶壺，它們都具有受熱均勻，保溫的特徵。

銀壺對於沖泡有提高甜度之功能，所以想喝到鮮甜的茶水，用銀壺沖泡很不錯。金壺泡茶至今對大部分人來說，只是一個傳說，在日本有用金壺煮水和沖泡茶的，在中國古代，皇室也會用黃金打造的茶具，其中不乏有煮水和泡茶用的金壺。

再說煮水之器，要是對茶味沒有特別的要求，一般的電茶壺就很方便實用。但是想要喝一泡好茶，水、茶、泡茶之器還有煮水之器都需要講究，我推薦的煮水器首選鐵壺，一年四季都可以用，無論泡老茶、新茶都可以用，鐵壺在軟化水質、保溫這兩點上是沒有爭議的，如果有條件，建議用老鐵壺煮水，水軟而滑。用銀壺煮水，現在也很普遍，水質會變得甜而清冽，對於泡新茶我是強烈推薦的，但是對於老茶，由於銀壺散熱快，尤其到了秋冬季節，水很容易變涼，水溫達不到，對於老茶的茶性發揮會有直接影響。也有很有耐心的人，用陶壺來煮水，這樣的水當然

好，恍若隔世又回到古代一般，水被
慢慢地加溫，水質也會有所改變，變
得綿軟而接地氣，泡出的茶味有質樸
的原生態的味道。

　　煮水的爐子現在也是五花八門，
但不外乎用電和碳，煮茶偶爾會用酒
精爐，極少用柴火。

①金線龜壺
②小銀壺
③老銀壺
④金壺
⑤老鐵壺

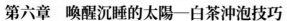

沖泡之法

泡茶四要素

泡茶，不就是把茶投到水裡，浸泡片刻，便得一壺茶嗎？但想泡得一壺合心意的茶，不是一件容易的事，無論你侍茶多少年，對每一次茶沖泡後的茶味也不能精準預知。當然，老茶人對茶味會有一個大概的推斷。

泡茶之道，涉及四個要素：茶，水，人，浸泡時間。茶，投茶量，投茶的多少直接關係到茶湯的濃淡，滋味的醇厚。水，是指水溫，水溫的高低，對茶的影響也是直接的，水溫高，沖泡出來的茶，香氣高，但是不適合鮮嫩的茶芽，對芽茶的沖泡水溫要低一些，一般85℃～90℃之間，否則就燙熟了，有了悶熟的沉氣；水溫低，茶味不容易出來，這在老茶

裡體現得比較明顯。人，是沖泡的主體，把握沖泡的入水力度，入水的力度大，水流急，沖泡出來的茶味相對來說滋味濃烈一些，如果緩緩貼杯壁入水，茶湯的滋味要柔和而清淡。浸泡時間，也是泡茶的要素之一，浸泡時間長，茶味自然要濃厚，浸泡時間短促，茶和水還沒有時間融合，很容易茶湯裡有水味。這四個要素只有恰到好處的結合，才能出一道濃淡相宜的茶湯。

泡茶之人

泡茶的人是決定茶是否能泡好的關鍵，所以對泡茶的人要提一些要求。

泡茶之前

泡茶之前，首先需要了解你所沖泡的茶，包括茶形、茶性等等，做到心裡有數。還要了解沖泡器具，諸如它的器形、材質、容積等，這樣才能更好把握沖泡時所需的水溫、入

水力度、浸泡時間等。建議，在泡一款不熟悉的茶之前，看上兩分鐘，再聞聞乾茶香，覺得眼前的茶不再陌生了，你就可以開始沖泡。這種專注、心無旁騖的看茶方法，我稱為「凝視法」，就像認識一個新朋友，要把它從頭到尾看一個遍，心裡默默地記住它，漸漸地便沒了陌生感。

泡茶之中

泡茶之中，心要平靜，不能太激動，也不能憂鬱，靜靜地，把眼前的人和物都當成一種背景，別人和你說話也可暫時不聞，你的眼裡只有茶，如果做起來有困難，可以深呼吸，調勻自己的呼吸後再泡茶，會有得心應手的感覺，提壺、入水高沖也罷，低巡也罷，都是在你的把控之中。

很多時候，泡茶是很感性的，一壺茶，泡出來，喝一口，便知泡茶人的心境，這不是虛妄的說辭，只要你用心去體會就能感知。曾經做過一個茶會，名曰「一品茶會」，就是不同的人泡同一款茶，感受各自的不同，初來參會的茶友不相信會有這樣的不同茶味，茶會結束後驚呼，怎麼差異如此之大。那日，到會有八人，同泡2013年有機壽眉，除了人不同，其他的條件不變，每人出四泡茶湯，品鑑並分享泡茶心得，果然八種茶味、八種心情，煞是有趣，後作記，得《品會記》。

泡茶後・品飲

　　此時茶味如何，茶香如何，已經有了結論，這時候，喝茶人和泡茶人喝茶的心情是不同的，就如吃飯的人和廚師的心情不一樣，品飲的人在品這香、這味，而泡茶人在想剛才我的入水輕了些，沒有把茶香都調出來吧，一邊自責，一邊愧疚，總在想下一泡可以修正。所以，沖泡茶第一道出湯後，可以修正自己入水的力度，浸泡的時間，如果不是很老的茶，都能在第二次沖泡補救回來，我們稱為「救茶」。老茶人，心底都是完美主義，每次泡茶都希望將茶味完美的展示，略有欠缺，便有些許歉疚，對茶。

　　敘到這兒，便想給大家講個故事。一個宋代茶人蔡襄（1012～1067）的故事，他是一位對茶有極深研究的人，著有《茶錄》，宋仁宗慶曆年間任福建轉運使，負責監製北苑貢茶，創製了小團茶。此人是個茶痴，每日必飲茶，然到了五十四歲，得病需每日吃藥，大夫不讓飲茶，他便每日早起，擺上茶席，和平日一樣煮水、點茶。只是賞而玩之，但是茶不離手。到了這樣的境界，泡茶已不再是為品飲、聞香，他需要的是一種慰藉，茶已經是他生命的一部分，他已是茶。

景德鎮手繪杯

白茶的泡法

杯泡法

一人獨飲，用杯泡；用 200 毫升大杯（適宜各種材質，玻璃杯最好），取 5 克白茶用 90℃開水先溫潤聞香再用開水直接沖泡，一分鐘後就可飲用。

蓋碗法

二人對飲，用蓋碗：取 3 克的白茶投入蓋碗，用 90℃開水溫潤聞香，然後像工夫茶泡法一樣，第一泡 45 秒以後每泡多延續 20 秒，這樣就能品到十分清新的口味。

壺泡法

三五人雅聚，用壺泡：用中品的大肚紫砂壺是白茶泡具的最佳選擇。取 7 ～ 10 克的白茶投入壺中，用 90℃開水溫潤後用 100℃開水悶泡，45 ～ 60 秒就可出水品飲，這樣可以品到清純中帶醇厚的茶味。

大壺法

群體共飲，用大壺：大肚高身的大品瓷壺是最佳選擇。取 10 ～ 15 克的白茶投入壺中，直接用 90 ～ 100℃開水沖泡，喝完直接加開水悶，可以從早喝到晚，味道特別醇厚和清爽。這種方法也可供一家大小共用，特別是夏天，因為白茶的冷飲更好喝，並且絕不傷害身體。

大壺煮法

　　特殊保健，用煮飲：這是民間一直沿用的祕方。用清水加 15 克老白茶（陳三年以上）煮 3 分鐘成濃汁後過濾出茶水，繼而可以接著續水，煮下一泡。

　　也可以待涼到 70℃添加一勺蜂蜜或土冰糖乘熱飲用，頓感體輕神寧，口感神韻更是醇厚奇特，其個中妙處能自己體會。

白毫銀針的沖泡方法

　　沖泡銀針白毫的茶具通常是無色無花的直筒形透明玻璃杯，品飲者可從各個角度欣賞到杯中茶的形色和變幻的姿采。沖泡白毫銀針的水溫以 90 度為好，其具體沖泡程序如下：

1. 備具：玻璃杯若干（幾人就備幾隻杯），茶荷，茶匙。

3. 溫杯：將玻璃杯內外用開水溫燙，提高杯體溫度。

4. 置茶：取白毫銀針 3 克，置於玻璃杯中。

2. 賞茶：用茶匙取出白茶 3 克，置於茶荷供茶客欣賞乾茶的形與色。

5. 浸潤：沖入少許開水，讓杯中茶葉浸潤 10 秒鐘左右。

6. 泡茶：用高沖法，按同一方向沖入開水，水至七分滿。

7. 靜置：沖泡白毫銀針初時，茶芽浮在水面，經 5～6 分鐘後，才有部分茶芽沉落杯底，此時茶芽條條挺立，上下交錯，猶如雨後春筍。約 10 分鐘後，茶湯呈橙黃色。

8. 聞香：茶湯呈淺杏黃，端杯聞香。

9. 品飲：分杯品飲。

白牡丹的沖泡方法

下面介紹一種可以觀形看色的玻璃杯泡法。

1. 備具：玻璃杯若干（人手一杯）、茶荷、茶匙。

2. 賞茶：用茶匙取出白牡丹2克，置於茶荷中讓茶客欣賞乾茶的顏色，綠葉夾銀色白毫芽，形似花朵。

3. 置茶：將白茶置於玻璃杯中。

4. 溫潤：沖入少許開水，讓茶葉浸潤5秒，其時，可用手握杯的下端輕輕晃動，讓茶葉浸潤充分。

5. 洗茶：把溫潤泡的水倒出，將茶葉表面的浮土洗掉。

6. 注水：用高沖法，水柱貼著玻璃杯壁注入，讓茶在杯裡滾動起來，水至七分滿。

7. 聞香：將玻璃杯端到胸前，茶香即會撲入鼻翼，深呼吸，細品茶香。

8. 品飲：等杯中的茶葉大部分沉入杯底，便可以品飲。

壽眉的沖泡方法

壽眉的沖泡方法一般採用蓋碗和茶碗沖泡。

蓋碗沖泡

1. 備具：蓋碗一套，茶匙，公道杯，品茗杯若干，燒水壺。

2. 賞茶：將乾茶3克置於茶荷內，請客人賞茶。

3. 溫蓋碗：將開水倒入蓋碗內，蓋上碗蓋，隨即倒出。

4. 置茶：用茶匙把茶撥入蓋碗內，輕輕搖晃。

5. 洗茶：倒開水入蓋碗，無需停留，蓋上碗蓋隨即出水。

6. 注水：將開水均勻有力地注入蓋碗中，浸泡5秒鐘就可以出第一泡湯，倒入公道杯。

7. 分杯：將公道杯中的茶湯均勻地分到每人的品茗杯。

8. 聞香：端起品茗杯，茶香撲鼻，深吸茶香，浸潤心神。

9. 品茗：一小口一小口啜飲為佳，細品滋味。

10. 繼續注水：第二泡一直到第五泡，出湯時間 5 秒即可，隨著沖泡次數的增加，浸泡時間需要延長，時間長短因個人口味的濃淡而作調整。

碗泡法

1. 備具：瓷碗一隻，茶湯勺一把，茶筷一把，品茗杯若干。

2. 賞茶：用茶匙取 3 克茶放進茶荷裡，請客人賞茶。

3. 溫碗：將開水倒入碗內，隨即倒出碗內的開水。

4. 置茶：把茶荷裡的茶撥入茶碗裡。

5. 洗茶：注入開水，浸潤乾茶，隨即倒出。

6. 注水：將開水貼碗壁注入，浸泡 5 秒。

7. 分杯：用茶湯勺取茶湯，分入每人的品茗杯。

119

8. 聞香：端品茗杯於唇邊，茶香入
　　鼻，細細品香。

9. 品茗：用氣流吸入茶湯，並讓茶湯
　　在口腔內翻滾，讓每一個味蕾都感
　　受它的滋味。

老白茶的沖泡方法

壺泡加煮飲

1. 備具：中品朱泥壺，壺口適中、壺壁偏厚，公道杯一隻，茶荷一隻，茶匙一把，品茗杯若干。

2. 賞茶：將乾茶置入茶荷內，請客人賞茶。

3. 溫壺：用滾水淋壺身，讓壺身溫度提高，再注入開水於壺內，溫壺。

4. 置茶：將茶荷裡的茶撥進壺內，一般5克到7克。

5. 溫潤：輕輕沖入滾水，將茶浸溼，並將洗茶水倒出。

6. 注水：高沖入滾水。

7. 出湯：快速倒出壺裡的茶湯，入公道杯。

8. 分杯：將公道杯內的茶湯均勻地分到每人的品茗杯裡。

9. 聞香：端杯至唇邊，茶香入鼻，深吸品茶香。

10. 品飲：小口啜飲為宜，湯入口，再輕吸氣入口，讓茶在口內做旋轉狀，讓每一個味蕾都接觸到茶湯。

11. 再次注水，出湯，聞香，品茗，直到茶無味。

12. 看葉底：將壺蓋打開，請客人看葉底。

13. 煮茶：把已經泡得無味的茶撥入備好的陶壺，進行煮製。

14. 出湯：等茶水開後，需煮 3 分鐘，倒出茶湯。

15. 分杯品茗：品煮過的老茶味，感受醇厚與歲月陳韻。

第七章
品飲白茶，身通而心暢
── 白茶與養生

　　茶與養生一直是喝茶人關注的焦點，茶，原本是一種樹葉，因生長環境不同，樹種不同，製作方法不同而產生了千差萬別的味道，功效也因此有別。比如綠茶抗輻射比較好，普洱茶消脂解膩不錯，紅茶暖胃平和⋯⋯

茶之藥用 —— 史冊循跡

　　茶，始作藥用。《本草衍義》、《史記·三皇本紀》均有記載「神農嘗百草，日遇七十二毒，得茶而解之」。按史料記載，茶，最早發現，是作為藥。《史記》中還特別強調「神農嘗百草，始有新藥」。有關對茶藥用的詳細記載可以追溯到漢代，司馬相如在《凡將篇》將茶列為 20 種藥物之一；在《神農百草》中記載 365 種藥物，其中提到茶的四種功效，「使人益意、少臥、輕身、明目」。東漢的張仲景用茶治療下痢膿血，在《傷寒雜病論》裡有記載「茶治膿血甚效」。華佗也用茶提神醒腦，消除疲勞，他在《食論》提到「苦茶久食，益思意」。到了三國又有很多關於茶的記載，魏吳普《本草》中提到：「苦茶味苦寒，主五臟邪氣。厭谷、胃痺，久服心安益氣。聰察，輕身不老。一名草茶。」隋朝顧元慶的《廣群芳譜·茶譜·權紓文》中說了一個隋文帝和茶的事：隋文帝微時，夢神人易其腦骨，自爾腦痛。忽遇一僧云：「山中有茗草，煮而飲之，當癒。」

　　帝服之有效。由是人競採掇，乃為之贊，其略曰：「窮春秋，演河圖，不如載茗一車。」這茶治了隋文帝的頭痛，一時茶便成了進貢皇上的佳品。書中還介紹了茶的其他功效，比如，茶能止渴，消食除痰，少睡，利尿，明目等等。

　　唐代對於茶，是一個具有里程碑的時代，中國的第一部關於茶的專著《茶經》問世了，其中寫到茶可治療六種病症：熱渴、凝悶、腦疼、目澀、四肢煩、百節不舒。《新修本草》中提到「茶，苦茗，茗味甘苦，微寒、無毒。主瘻瘡，利小便，去痰、熱渴，令人少睡。春採之。苦茶，主下氣，消宿食，作飲加茱萸、

蔥、薑等良」。唐代醫學家王煮等編寫的《外治祕藥》中專門收錄了「代茶新飲方」，詳細記載了茶葉治病的功效和服用方法。醫學名著《千金方》提到了茶可治「閑痛如破」。宋代的《太平聖惠方》、《和劑局方》和《普劑方》等醫學巨著中都有關於茶的專篇介紹。

元明清時代，中國的茶療有了很大的發展，應用於內科、外科、婦科、五官科、皮膚科、骨傷科等等，還研製了很多行之有效的茶方，如「午時茶」、「枸杞茶」、「八仙茶」、「珍珠茶」、「仙藥茶」等等，茶療的劑型也由原來的湯劑發展為散劑、丸劑、沖劑等多種。元朝的醫學名著主要有：吳瑞的《日用本草》、忽思慧的《飲膳正要》、孫允賢的《醫方集成》、《瑞竹堂經驗方》。明朝的有：喻嘉言《醫方集論》、陳仕賢的《經驗良方》、李時珍的《本草綱目》、李中梓的《草木通玄》等等，其中李時珍的《本草綱目》對茶的功效說得較

為詳細，同時還進行了利弊分析，提到虛寒和血弱之人，飲之既久，則脾胃惡寒，元氣暗損。

到了現代，隨著現代科技的發展，各種先進的儀器設備可以提取出茶葉的有效物質，茶不僅有傳統的治療方法，更有新的創新治療手段。無論怎樣，茶一直和我們的健康息息相關，伴著幾千年的中華文明。

白茶，一個小藥箱

我們上面談到了茶藥用的歷史記載，說明我們的先人一直把茶也當成藥。這裡我們說說白茶的藥用，現在一提到白茶，都知道「三年藥，七年寶」。是的，白茶就是藥，在藥房裡可以找到白茶。《本草綱目》對茶的藥理是這麼說的：「茶苦而寒，陰中之陰，沉也降也，最能降火。火為百病，火降則上清矣。然火有五，火有虛實。苦少壯胃健之人，心肺脾胃之火多盛，故與茶相宜。」此文認為茶有清火去疾的功效。李時珍也喜歡飲茶，他說自己「每飲新茗，必至數碗」。白茶，人為操控的成分最少，所以具有茶的原始性狀最完整，也就是說，具有茶的清火去疾的功效。

先說個身邊的故事。記得是某年秋天的一個下午，那時候茶葉市場極少有經營白茶的茶莊，有個茶客走進茶韻谷，看見滿屋的白茶就很好奇，說，這不是白茶藥鋪嗎。原來他只知道白茶是藥，卻不知是可以日常品飲的茶。那人聊了很多與白茶相關的事，他說那一年，因為得了慢性咽炎，還伴有咳嗽，去看中醫，大夫開了一個方子，其中就有白茶，他還告訴我說效果很不錯，但是不知道白茶是和綠茶、紅茶相類似的一種茶類。

其實，喝半年以上白茶的人一般都有這樣的體驗，嗓子要是不舒服，有腫痛感，喝一天白茶，到了晚上，

症狀基本上就消失了。若有感冒的初期症狀，睡前喝一泡濃濃的老白茶，到了第二天早晨會發現那些惱人的症狀會有不同程度的緩解，若還有一點難受，再泡一壺喝下去，當藥來飲就對了。有人驚呼：這麼說白茶就是藥了！是的，白茶就是藥，是一種可以隨時飲用溫和的藥。

事實上，很多年前，白茶在國外認知度就很高，不像中國，無人問津。中國人，我一直認為是比較感性的，一般考慮對視覺、味覺的衝擊，而很少追究事物本身的內質，所以活得隨心而充滿夢想。西方人相對來說，更注意現實的結果，比如茶，你只要說明白它對身體的功效種種，即便味道不是很如意，他們也欣然接受，然後想各種方法改善茶味，比如調飲等等。歐美國家的人認識到中國白茶的價值，比大部分的亞洲人要早，他們大批地買回去，一部分作為品飲，絕大部分作為很多藥品和美容護膚品的原材料。藥品一般以降糖、降壓藥為主，護膚品就名目繁多了，就是利用的白茶的美容功效。

我所知道的很多品牌的護膚品都含有白茶的成分，比如希臘的品牌Korres（珂諾詩），美國的雅詩蘭黛化妝品公司也是最早研究並應用白茶的，它的「完美世界的白茶護膚」就很受女性的青睞。幾年前，屈臣氏也推出了白茶的睡眠面膜，非常好用。還有很多，在此不一一列舉，總之，白茶在護膚美容業一直被廣泛應用，這是個不容爭辯的事實。

按照古今中外的研究成果得出的結論，白茶具有下列藥性，也可以說是功效：(1)下火清熱毒消炎症；(2)發汗去溼舒滯避暑(3)治風火牙疼(4)退高燒(5)去麻疹等雜疾。

白茶還有三抗三降的作用。三抗：抗輻射、抗氧化、抗腫瘤；三降：降血壓、降血脂、降血糖。

近幾年海內外專家又研究發現，白茶還有六大養生效果：養心、養肝、養目、養神、養氣、養顏。

白茶的主要功能成分

說到白茶的藥用原理，要從它的主要成分說起，白茶主要功能性成分有：茶多酚及其氧化物、咖啡鹼、氨基酸（茶氨酸）等。這些成分都有相應的一些功能。

咖啡鹼：是中樞神經的興奮劑，機理是增加血液中的兒茶素這類刺激物質的合成與分泌。能使血管中平滑肌鬆弛，增大血管的有效直徑；咖啡鹼還有明顯的利尿和刺激胃液分泌的功效。

茶多酚：主要有兒茶素、黃酮以及黃醇酮、花青素和酚酸及縮酚酸等成分。它們具有防止血管硬化，防止動脈硬化、降血脂、消炎抑菌、防輻射、抗氧化、抗癌、抗突變、抗衰老的功效。白茶在加工過程中，多酚複合物茶單寧和茶褐素可作為收斂劑和解毒劑，能增加微血管韌性、緩和腸胃緊張與抑制病原體及病毒，對糖尿病有一定療效。

茶多糖：具有抗輻射、增強機體免疫力、降血糖、抗凝血、降壓等功能。主要功效有：清熱、解毒、防治糖尿病、預防心腦血管疾病、降血壓、提高免疫力等等。

茶黃素：具有抗氧化、預防心腦血管疾病、預防齲齒、防癌抗癌、抗菌抗病毒等效用。

茶氨酸：影響腦內神經傳達物質的變化，可增強記憶力，具有鎮靜作用，可以預防神經失調症，保護神經細胞，對腦栓塞、腦出血、腦中風、腦缺血以及老年痴呆有一定的防治作用，還可提高免疫力。

我們將茶葉中的主要成分及功能概括列表如下：

茶葉功能成分的功效

茶葉成分		藥理功能
嘌呤鹼類	咖啡鹼	興奮神經中樞，消除疲勞抵抗酒精、煙鹼、嗎啡等對人體的毒害強化中樞性和末梢性血管系統及心臟增加腎臟血流量，提高腎小球過濾率，利尿舒緩平滑肌，能消除支氣管和膽管的痙攣控制體溫中樞，調節體溫直接興奮呼吸中樞，急救呼吸衰竭
	茶葉鹼	功能與咖啡鹼相似，興奮神經中樞較咖啡鹼弱，強化中樞性和末梢性血管系統及心臟，利尿，舒張支氣管平滑肌等比咖啡鹼強
	可可鹼	功能與咖啡鹼、茶葉鹼相似，興奮神經中樞較前兩者弱，強化中樞性和末梢性血管系統及心臟較茶葉鹼強，利尿較前兩者弱，但持久性強
酚類衍生物	黃酮類及其苷類化合物	誘發維他命 B3 的作用，促進維他命 C 吸收，預防壞血病利尿
	兒茶素	誘發維他命 B3 的作用抗放射性傷害、治偏頭痛
	多酚類及其複合物質（單寧）	對病源菌的生長發育有抑制作用和滅菌作用治療燒傷重金屬鹽、生物鹼中毒的抗解劑緩和腸胃緊張，消炎止瀉增強微血管強韌性，防治高血壓緩解糖尿病
芳香類物質	萜烯類	袪痰藥物治療氣管炎
	酚類	殺滅病源菌 對皮膚黏膜有刺激、麻醉和壞死作用 對神經中樞有先興奮後抑制作用，有鎮痛效果對心臟有抑制作用

芳香類物質	醛類	滅菌
		對呼吸道黏膜有溫和刺激，消炎祛痰藥物
	酯類	消炎鎮痛
		治療急性風溼性關節炎
		使腎上腺皮質中維他命 C 和膽固醇含量減少使血液中嗜酸性白血球數目減少
		抑制透明質酸酶和纖維蛋白溶酶，可以消炎促進尿酸排泄，治療痛風
		對糖代謝起良好作用，減輕糖尿病
維他命類物質	維他命 A	維持上皮組織正常機能狀態，防止角化防止乾眼病
		增強視網膜感光性，防止夜盲症
	維他命 C	增加微血管的緻密性，減少其滲透性和脆性增加肌體對感染和慢性傳染病的抵抗力
		防治壞血病
		治療瘀點性出血、牙齦出血、肌肉關節囊、漿膜腔等出血症促進傷口癒合
		防治缺乏維他命 C 所導致的骨膜分裂、骨裂、齲齒
		提高肌體對工業化學毒物及放射性傷害的抵抗力
	維他命 D	幫助骨骼發育和治療骨骼創傷抗佝僂病和軟骨病
		調節脂肪代謝
		抑制動脈粥樣硬化
	維他命 B_1	維持神經、心臟和消化系統正常機能參加肌體內糖代謝過程
		防治腳氣，治療多發性神經炎、心臟活動失調、胃機能障礙
	維他命 B_2	參與體內氧化還原反應
		維持視網膜正常機能，維持眼睛的正常視覺功能治療角膜炎、結膜炎、口角炎、舌炎、溢脂性皮炎

維他命類物質	維他命 B$_3$	實現組織呼吸中的脫氫作用 治療癩皮病所導致的皮炎、腹瀉、痴呆、舌炎、口角炎
	維他命 B$_6$	參與氨基酸代謝參與脂肪代謝 治療嬰兒中樞興奮驚厥症 治療嘔吐
	泛酸	參與代謝的多種生物合成和降解，加強脂肪代謝功能防治缺乏泛酸所導致的皮膚炎、毛髮脫色、腎上腺病變
	肌酸	參與磷酸的代謝儲積過程加強脂肪代謝的功能
	二硫辛酸	參與糖代謝過程並加強脂肪代謝功能抗脂肪肝、降膽固醇 解除砷汞中毒 利尿鎮痛，治療肝性、心臟性水腫和妊娠嘔吐
其他物質	半胱氨酸	治療放射性傷害 參與肌體的氧化還原生化過程調整脂肪代謝
	蛋氨酸	調整脂肪代謝 參與肌體內物質的甲基轉運過程
	谷氨酸	降低血氨治療肝昏迷
	精氨酸	同上
	脂多糖	治療放射性傷害

白茶主要的藥用原理分析

清熱解毒的作用：主要是因為茶本身就是寒涼之物，又因白茶加工簡單，所以保持了它的寒性，成了絕好的敗火藥。陳年的白茶，因儲存多年後，有後期轉化的過程，茶性漸漸變得溫和，可用作患麻疹的幼兒的退燒藥，其退燒效果比抗生素更好；在福建產地被廣泛視為治療養護麻疹患者的良藥。

白茶有治糖尿病的作用：糖尿病是由於胰島素不足和血糖過多而引起的糖脂肪和蛋白質等的代謝紊亂。常喝白茶可以治療糖尿病，這已經是這近十年海內外醫學專家重要的研究課題。日本醫學博士小川吾七郎、醫學博士蓑和田益等，在治療患有糖尿病的肺結核病人時，偶然發現白茶對糖尿病人有明顯的療效，於是對 10 名糖尿病人進行臨床實驗，發現白茶對他們有驚人的效果。中國泉州市人民醫院也做了相應的實驗，用有一定年分的老白茶治療糖尿病，癒率達到 70%。白茶中的多酚類和酯類有促進胰島素合成的作用；兒茶素中的多糖類物質，有去除血液中過多糖分的作用。茶多酚對人體的糖代謝障礙具有調節作用，能降低血糖水準，從而有效地預防和治療糖尿病。中國疾控中心食品與營養研究所研究員、中國食品毒理協會副祕書長韓馳發表的論文稱：經研究可以確定，白茶對於人體免疫力的增強具有明顯作用，在平衡血糖方面，也有著很好的表現。由此可見，白茶對治療糖尿病有一定的輔助療效。

白茶能預防腦血管病：腦血管病是較常見的疾病，包括腦栓塞、腦血栓形成及腦出血等，其發病率較高，嚴重影響人體的健康。白茶具有抗凝和促進纖溶作用，能改變高凝狀態，且沒有一般抗凝藥物的副作用，對增

進健康和預防疾病具有顯著作用。茶,有預防心腦血管疾患的作用,而白茶在某種程度上說,效果會更好一些。

白茶可以降血壓:白茶能降壓,這與它所含化學成分有關,白茶有豐富的茶多酚和維他命 C。茶多酚能促進維他命 C 的吸收。維他命 C 可使膽固醇從動脈壁移至肝臟,降低血液中的膽固醇濃度,同時可以增強血管的彈性和滲透能力,白茶還可通過利尿、排鈉的作用,間接引起降壓。茶中含有氨茶鹼能擴張血管,使血液容易流通,也有利於降低血壓。現在福建當地,醫生的處方裡會經常看到「白茶」的字樣,這絕非偶然。

白茶可以抗病毒、提高免疫力:最新的研究表明,白茶提取物可能對導致葡萄球菌感染、鏈球菌感染、肺炎和齲齒的細菌生長具有預防作用。

添加了白茶提取物的各種牙膏，殺菌效果得到增強，白茶的殺菌效果要強過綠茶。美國紐約佩斯大學的密爾頓·斯奇芬伯博士最近指出，他和研究人員把白茶放入牙膏裡，再塗在有細菌的實驗臺上。實驗證明，混合有白茶的牙膏，殺菌能力顯著增強。佩斯大學的研究人員說，白茶提取物可以在試管中真正破壞導致疾病的組織，對人類致命病毒具有抵抗效果，因此，他認為，多喝白茶有助於口腔的清潔與健康。白茶提取物對青黴菌和酵母菌具有抗真菌效果，青黴菌孢子和酵母菌的酵母細胞被完全抑制，這說明白茶提取物對病原菌具有抗真菌作用。

白茶的其他功效原理：白茶中含有豐富的維他命A原（它本身不具備維他命A活性，但在體內可以轉化為維他命A），它被人體吸收後，能迅速轉化為維他命A，維他命A能合成視紫紅質，能使眼睛在暗光下看東西更清楚，可預防夜盲症與乾眼病。同時白茶還有防輻射物質，對人體的造血機能有顯著的保護作用，能減少電視輻射的危害。因此在看電視過程中多喝一些白茶是有百利而無一害，尤其是少年兒童更應提倡多喝白茶，有利於保護眼睛。

此外，夏天經常喝白茶的人，很少中暑。專家認為，這是因為白茶中含有多種氨基酸，具有退熱、祛暑、解毒的功效。

海外專家對白茶的研究成果

1. 美國科學家哈佛大學醫學院的布科夫斯基博士研究結果：喝白茶能使人體血液免疫細胞的干擾素分泌量增加 5 倍。

2. 美國紐約佩斯大學的密爾頓·斯奇芬伯博士的最新研究：白茶提取物能對導致葡萄球菌感染、鏈球菌感染、肺炎等細菌生長具有抑制作用。

3. 美國生化學家洛德克博士研究結論：白茶比其他茶類更具有抗癌潛力。

4. 美國俄勒岡立大學癌症研究中心經多年研究得出結論：白茶中所含有的抗癌物質，能不斷抑制、縮小肝癌的腫塊，提高免疫功能。

5. 最先廣泛研究白茶特性的美國最大的化妝品公司雅詩蘭黛（EsteeLauder），其著名系列化妝品「完美世界」（AperfectWorld) 就採用白茶提取物作為活性成分，僅這一款「完美世界白茶護膚」，就把競爭對手遠遠甩在後頭，這種護膚品能夠抵禦環境對皮膚的侵蝕，並能自動修護受損皮膚。

四季品飲白茶的學問

白茶是一種適合四季品飲的茶，但並不是每一款白茶都適合四季品飲，每個季節適合喝的白茶也有不同。

春季，萬物復甦，百花盛開，空氣中也透著生機勃勃的活力，此時明前白茶剛剛下來，清香甘甜，此時候品清鮮的新白茶是最美的享受。採於明前的白毫銀針和級次高的白牡丹，茶芽中氨基酸含量高，最高能達到 4.5%。新茶的茶多酚和兒茶素相對老茶含量比較高，而茶多酚是茶葉裡主要的活性成分，具有抗氧化、抗衰老、抗輻射等多重功效。春季品飲新白茶也符合中醫的理論，《黃帝內經》有道：「春三月，此謂發陳，天地俱生，萬物以榮，夜臥早起，廣步於庭，被髮緩形，以使志生，生而勿

殺，予而勿奪，賞而勿罰，此春氣之應，養生之道也。逆之則傷肝，夏為寒變，奉長者少。」春天吃生發之芽，春天吃春餅，春餅裡的菜就有豆芽、新韭，順天時，方為養生之道。

春天除了可以喝新白茶，建議適時喝老白茶，「乍暖還寒時節，最難將息」，由於新白茶寒性大，建議此刻喝上一壺老白茶，豈不暖心暖胃。

「夏三月，此謂蕃秀，天地氣交，萬物華實，夜臥早起，無厭於日，使志無怒，使華英成秀，使氣得泄，若所愛在外，此夏氣之應，養長之道也。逆之則傷心，秋為瘧，奉收者少。」夏季養生，不再是陌生的話題，《黃帝內經》強調其重要性。對於白茶，面對熱氣蒸騰、炎熱難耐的暑天，首推喝新白茶，建議大杯沖飲白牡丹和壽眉，白茶有祛暑降溫、健胃提神的功效，在喝茶的時候，不要滾燙入口，等茶涼一些再入口。也有人煮老白茶來喝，裡面配一些冰糖和山楂，放涼以後，當做涼茶來飲，也

很值得借鑑。

　　「秋三月，此謂容平，天氣以急，地氣以明，早臥早起，與雞俱興，使志安寧，以緩秋刑，收斂神氣，使秋氣平，無外其志，使肺氣清，此秋氣之應，養收之道也。逆之則傷肺，冬為飱泄，奉藏者少。」此時，秋

高氣爽，萬物呈凋零之象，然果實豐碩，氣象萬千。這時心平氣和，早睡早起，乃秋日養生之道，適合品飲的白茶也要溫潤而平和，那就是三年左右的老白茶吧，三年的老白茶，性近平，且潤燥，適合降秋燥。

　　冬天，正是喝老白茶的時節，圍爐烹茶、閒話家常是最溫暖的茶事。這時候，最好喝老白茶的方法不是泡飲，而是煮飲，煮上一壺老白茶，可以放一兩個大棗或一小把枸杞，一壺養生白茶就有了，養氣補血。再看《黃帝內經》如何講冬季養生，「冬三月，此謂閉藏，水冰地坼，無擾乎陽，早臥晚起，必待日光，使志若伏若匿，若有私意，若已有得，去寒就溫，無泄皮膚，使氣亟奪，此冬氣之應，養藏之道也。逆之則傷腎，春為痿厥，奉生者少。」

　　「故陰陽四時者，萬物之終始也，死生之本也，逆之則災害生，從之則苛疾不起，是謂得道。」飲茶之道亦然。

137

品飲白茶因人而異

如何健康地喝白茶，還是需要講究的，不是每種茶每個人都適合品飲。

健康的人按照春、夏喝新茶，秋、冬喝老茶就好了，但是每個人的身體狀況和生理週期不同，所以飲茶要因個人的體質來確定適合自己品飲的茶品種。

對於處於「三期」（經期、孕期、產期）的婦女建議最好不飲茶，茶多酚會和鐵離子產生結合，使得鐵離子失去活性，容易造成處於這個時期的婦女貧血。還有，茶有一定的刺激性，對茶沒有耐受力的婦女，會出現不同程度的不適。

對於心跳過速的冠心病患者，建議少飲或者不飲茶，因為茶葉中的咖啡鹼和茶鹼，都有興奮作用，增強心

肌機能，促使心跳過快。對於心跳過緩的患者，反而適合飲濃茶，可以提高心率，配合藥物治療。

　　對於神經衰弱的人建議飲淡茶，在茶葉的品種上也要有所選擇，針對白茶，可以飲用溫和一些的老白茶或新工藝白茶。在品飲時間上盡量選擇白天，下午五點以後最好不要喝茶了，否則會直接影響睡眠。

　　身體虛寒的人不建議長期飲茶，對於白茶來說，適飲的品種有五年以上的老白茶，最好加幾顆枸杞配飲，有滋補調養的功效。而對那些體質偏熱的人，建議喝新白茶，對於調節身體有一定的作用

關於養生的片語

一說茶和養生，無非就是說茶的若干功效和各種飲法，這種「唯茶」論的出發點固然沒錯，但只能稱為「養生之軀」。在關注茶養生的時候，我們是否忽略了茶還有一個真正的養生功效，就是「養心」。常年侍茶之人，久而久之，心性都有不同程度的改變，漸漸可以如一杯茶靜下來，舒展芽葉，漸漸也會尋香、尋味而找內心的真我，能靜心品一杯茶的人也是可以靜觀萬物的人，品茶的過程也成了內觀的過程。白茶尤其需要一個人有很靜的心境來品，白茶味在所有茶類裡最淡，茶形最自然，若想要品到真味，無疑要求品茶人淡泊而寧靜，所以最開始喜歡喝白茶的以僧人居多。品飲白茶在我看來各種的功效都是其次，若將腳步慢下來，把無端的思緒都拋開，靜靜地品一杯白茶，浸在嫋嫋的茶煙裡，養心幽神，才是「養生之魂」。

第七章　品飲白茶，身通而心暢—白茶與養生

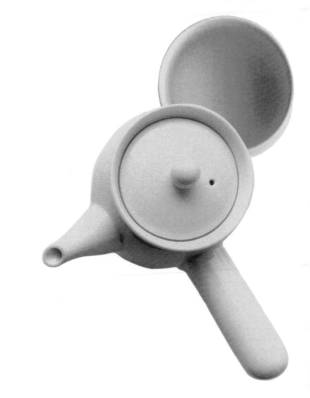

第八章
記憶一點點沉澱
——白茶的儲存

在我的記憶裡，有一串珍珠，每一顆珍珠都是一段美好的記憶，把它們串在一起，常常取出來賞也罷，品也罷，妙趣無邊……總覺得存一款茶，就如保存一段記憶，十年的光陰，十年的記憶，一點點沉澱下來，便是一款有記憶的老茶了。

一款好茶，每每得到，欣喜之餘，便是擔心，擔心不日其味不在，或淡或轉，心存疑悸。每次打開封箱的老白茶，總希望是驚喜，而不是失望。心裡明白，一款茶，若想存其真味，除了要好的茶青，好的工藝，更要有得當的儲存之法。

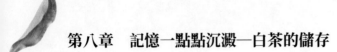

六大茶類的儲存要求概述

　　茶的儲存得當與否直接影響到茶的味道，所以用什麼方式儲存對於茶至關重要，六大茶類因為工藝的不同，茶性隨之有異，以至於適宜的儲存方式各有不同。綠茶，需要密封、冷藏，保存溫度在 -10℃～ 5℃，這樣才能很好保存綠茶的鮮香味；紅茶，常溫下密封就好，但是建議如果有條件冷藏更好，這樣可以不失紅茶原初的香味；青茶，也就是烏龍茶，閩北烏龍，常溫保存即可，但是隔年需要焙火找回茶香，閩南烏龍、臺灣烏龍，需要冰櫃冷藏存放；黃茶，和綠茶的儲存方式基本相同，需要密封冷藏，才可保存茶味；黑茶的存放，需要和空氣對話，所以常溫就好，但是需要存放環境乾燥通風沒有異味，才能保證茶味有好的變化；白茶的存放，基本要求常溫和密封，我在後面將詳細闡述。

六大茶類所需的保存條件及保存期限

茶類	是否需要冷藏	是否要密封	是否需要避光	保存期限
綠茶	是	是	是	12 個月
白茶	不需要，常溫即可	是	是	長期
黃茶	是	是	是	12 個月
烏龍茶	閩南烏龍和臺灣烏龍要冷藏，閩北烏龍和廣東烏龍	是	是	閩南烏龍和臺灣烏龍 18 個月 閩北烏龍和廣東烏龍儲存過程若受潮返青，需要複焙火，可長期存放
紅茶	不需要，常溫即可	是	是	24 個月
黑茶	不需要，常溫即可	不需要	是	長期

　　綜上所述，需要冷藏的茶有：綠茶、黃茶、閩南烏龍、臺灣烏龍，一般茶都需要密封保存，除了黑茶類（雲南普洱茶、廣西六堡茶、湖南茯磚茶）不需要密封保存，但是它們要求儲存的環境清潔通風，無異味。可以常溫下保存的茶有紅茶、黑茶、閩北烏龍、白茶。

白茶儲存要求及方法

　　白茶的儲存要求和其他茶不同，別的茶需要保鮮、存味，而白茶在存其真味的基礎上，還考慮存放過程轉化後的結果。白茶可入藥，如何存放才能更好地提高它的藥性也是我們需要考慮的問題。

影響白茶儲存的因素

　　第一，茶葉中的含水量。乾茶要求含水量在 3% 左右，才能保證茶的品質。食品學理論認為，絕對乾燥的食品直接和空氣接觸，容易受到空氣中氧氣的氧化，但是水分子中氫鍵和食品成分結合，呈單分子狀態時，在食品表面形成保護膜，使氧化進程變慢。研究表明，當茶葉中的含水量在 3% 左右時，茶葉分子和水分子幾乎呈單層分子關係。對茶葉中的脂類

與空氣中的氧分子起到隔絕作用。但是如果茶葉含水量超高 6%，空氣中的水分超過 60%，茶葉中的葉綠素會發生分解、變性、色澤變深，芳香物質和氨基酸等物質都有不同程度的減少。所以成茶水分都控制在 6% 以下，超過此限度，要乾燥。

第二，溫度。如果溫度過高也不利於茶葉的儲存，白茶最好的儲存溫度在 35℃以下，10℃以上。溫度決定各種化學反應的速度，溫度越高，化學反應速度越快。有人做過實驗，在其他條件相同的情況下，溫度每升高 10℃，褐變速度增加 3 ～ 5 倍，在 10℃下儲存，可以抑制茶葉褐變，在 -20℃下儲存，可以長期防止茶葉陳化和變質。-25℃以下，維他命 C 的保留率達 90% 以上。

第三，異味。也就是空氣的清潔度也影響茶的品質，最好在有通風沒有異味的環境下保存白茶。白茶味淡，極易被別的味道汙染。在有異味的條件下儲存白茶，白茶無疑就成了最好的除味劑，如果這個氣味有毒性，對茶葉品質的改變將是致命的。很多異味在一定溫度和溼度的條件下，和茶中的茶氨酸、茶紅素、茶黃素髮生化學反應，茶葉發生變質，使得茶味變淡，變壞，原來的甜香蕩然無存。

第四，陽光。白茶最好置於避光處儲存，陽光會改變茶質，讓茶味盡失。茶葉在光的照射之下，會加速各種化學反應的進行。比如茶葉的葉綠素在光的作用下會迅速發生分解，光照會讓茶快速劣變，並由此產生很多令人不愉快的味道。

白茶儲存方法

白茶儲存，在避光、通風、無異味的常溫環境下，按儲存容器可分為下列幾種：

第一，瓷罐保存：選用密實性好的青花瓷罐就很好，可以使用德化產的，也可以是景德鎮產的。要求瓷罐的口要密封，建議用錫紙墊在封口

處，這樣就達到了密封的要求。如果短時間就要飲用的茶，可以用小一點的瓷罐，密封要求就沒有那麼高了；要是長期存放，可以選擇大一些的瓷罐存放，並且一定要密封好。

青瓷罐

第二，陶罐保存：陶罐，古樸而有質感，很多人都喜歡用陶罐儲存茶葉。儲存白茶的陶罐最好內壁掛釉，這樣能起到密封作用，若內壁沒有掛釉的陶罐，建議白茶加密封袋存放，同樣也能防止茶味被汙染。還有一些茶友買一些很大的缸來存茶，缸一般是陶為主體，內外壁掛釉，對於家庭來說，既要存茶量多，又要美觀，這是不錯的選擇，但是在放茶之前，要用少許的茶吸味，等缸裡的雜味沒有了，就可以放茶了，記得缸口一定要密封。

陶罐

第三，茶葉袋保存：這是最簡易的保存白茶的方式。用牛皮紙袋（內壁有錫紙）或錫紙袋密封保存，簡單隨意，擺放自由，隨身攜帶也很方便。茶友可根據自己的茶葉儲存量來選擇適宜大小的茶葉袋。每次打開紙袋取茶，需要及時用密封夾夾好，不讓異味侵入，在南方，還可以防潮。

紙盒包裝

牛皮紙袋包裝

紙盒包裝

第四，紫砂罐保存：紫砂一直是茶人的首選，紫砂和茶天生就是最好的搭檔，很多茶在紫砂罐裡存一段時間，茶味會有不同程度的提升，好的紫砂壺沖泡茶，也能改善茶味。但是白茶，味淡雅，香氣相對別的茶類也不是那麼高，所以白茶用紫砂罐儲存，需要對白茶進行密封，再裝罐，或者挑選一些泥料本身密實性好的紫

砂罐，比如朱泥的紫砂罐，透氣性不如別的泥料，這樣正好存白茶。用紫砂罐存茶前，還需要對紫砂罐進行去味處理，常用的方法是放一小撮同類茶放在罐內吸味，一般一個星期後取出去味用的茶，清理茶罐後，確定沒有泥味了，再放入需要儲存的茶。同樣，裡面的茶要是沒有密封袋包裝，直接放茶的，這時候一定要在蓋沿處作密封處理。

第五，紙箱保存：紙箱內的茶需要密封，一般存貨量大的都會選擇紙箱存放，碼放比較容易，占用空間也不會很大，搬運也方便，缺點就是不夠美觀，每次取茶比較麻煩。一般建議紙箱存放和茶葉袋、茶罐存放相結合，需要長期存放的用紙箱存，需要經常品飲的用紙袋或茶罐裝，這樣既很好地保存了茶葉，又方便取茶日常品飲。

紫砂小罐

紫砂罐

南方、北方存白茶應該注意的問題

南方，以廣東、福建為代表，氣候溫暖溼潤，降水豐沛，常年氣溫較高，空氣中含水量大。這樣的氣候特徵一方面利於茶葉的後期轉化，但是另一方面對於儲存確是有一定風險，如果空氣中的水分過大，溫度過高，常常會有茶發生發霉變質，這就是常說的「溼倉」茶，在香港和臺灣比較普遍。所以存放在南方的白茶要注意幾個問題：

瓷罐

第一，茶要乾。茶一定要達到乾燥要求，然後再密封存放；若茶本身乾燥度不夠，在南方原本高溫潮溼的環境下存放，很快就會發霉變質，可謂先天不足，後天又不利。

第二，密封。在南方存放，密封是必不可少的條件，南方空氣中含水量大，茶很容易受潮，再加上氣溫高，非常容易發霉變質。所以在乾茶含水量控制在 6% 以下的條件下，再進行密封存儲，才能很好地保存茶味。

第三，常抽樣。要經常抽樣看看茶葉的儲存情況，要是發現問題，及時處理。必要時，對茶進行烘焙乾燥處理。

第四，通風乾燥。儲存環境要通風乾燥，保持空氣的流通和新鮮，不要把茶放在地下室或沒有窗戶的房間。

第五，單獨存放。最好單獨存放白茶，不要將其他物品和茶類混雜存放，否則，容易使白茶變味，變質。

第六，避光。要把茶放在避光、常溫的空間存放，溫度過高或者有太陽暴晒，都會對茶的品質有影響。

北方，以北京為代表，氣候乾燥，一年有近半年溫度在 10℃以下，進入 12 月分，溫度更低，冬天經常會達到零下十幾度，茶在這樣的環境下存放，如何保存會更好，同樣需要注意幾點：第一，密封。同樣是密封，和南方存茶的密封目的卻是不同，南方怕水汽進入，而北方是要保持茶葉裡的水分不會被全部揮發。茶葉裡有適當的水分，有利於白茶後期的轉化。

第二，保持溫度。由於北方 11 月下旬，氣溫基本就在 0℃左右，就如一個天然的冰櫃，茶近乎休眠。由於我們希望白茶有個後期的變化，實際上就是適度氧化、聚合，白茶的存放環境盡量有供暖設備，達到室溫就好。

第三，無異味。在北方儲存的白茶，環境也要求通風無異味，盡量不把茶放在地下室。茶不能直接放置於地面，最好要有專門的架子擱置，離地面要有一定距離，以防止夏天雨季時，地面太潮溼，泅溼茶包裝。若水汽進入茶包內，則會直接影響茶葉的儲存。

第四，避光。無論南方還是北方，茶葉的儲存都需要避光。日光長時間照射對茶的品質會有不良的影響，無論對茶味還是茶本身的內質都有不同程度的改變。

我經常會把一款茶放置在南北兩個地方，福鼎和北京，三年後讓它們相遇，看看有怎樣的差異，從茶香、茶色、茶湯、茶底進行對比。一般福鼎存放的茶，高溫沖泡後有溼氣，而北方存放的茶有乾香；福鼎存放的茶顏色偏深，北京存放的茶還有清香和綠；福鼎存放的茶湯橙黃色，北京存放的茶一般是琥珀色；福鼎的茶滋味醇和，北京存放的茶滑潤，水裡有香；茶底的對比就更鮮明了，北京存放的茶有鮮活度，葉底色還有綠，而福鼎的茶底已經是淺褐色。北方乾燥寒冷，茶每年有半年的休眠期，茶後期的轉化就很緩慢，幾年後茶的乾香明顯，雖然茶葉看似還有綠，但是茶湯的滋味已經足夠的濃厚甘甜，我常說滋味都蘊含在裡面呢，貌似不老的老茶，茶味怡然。

第八章　記憶一點點沉澱─白茶的儲存

　　同樣，存在同一地方的白茶，因
為品種的不同，轉化程度也會有很大
的不同。以三年為例，三年後的銀
針，茶色略有變化，呈淺褐色，沖泡
後的湯色為淺黃色，滋味香氣主要是
蜜香，毫香已不顯；三年後的牡丹，
茶色略比銀針深一些，湯色由原來的
黃綠色變化為金黃色，滋味猶存清
甜，有淡淡的蜜韻；三年後的壽眉，
乾茶就已經有濃濃的粽葉香，乾茶色
為淺褐色，沖泡以後，茶色呈明亮的
黃色，浸泡時間若久一些，湯色會呈
現橙黃色，口感明顯細滑，水的感覺
也較新茶綿軟。所以，在存放過程
中，葉的轉化要比芽的轉化對於感官
來說更明顯一些，老壽眉的老相要比
銀針明顯很多，但這並不能說壽眉就
如何得好，只是它們有些不同，沒有
優劣之分。

白茶不當儲存的茶味種種

白茶若儲存不當，茶的品質不僅會降低，還有可能發生變質。在南方主要應注意防潮，在北方主要注意異味入侵。

市場上近年出現層出不窮的老茶，保存得當的寥寥無幾，一般保存不當的有下列幾種情況：第一，發霉變質。有明顯的霉味，沖泡後有變質的氣味，這樣的茶不能飲用。第二，受潮但還沒有變質，沖泡後有明顯的溼氣，這樣的茶建議多洗幾遍，飲用後若沒有不適，就沒有太大問題，可以繼續飲用。但是建議把受潮的茶進行乾燥處理。第三，茶有異味。一般茶在存放過程中沒有密封，或者周圍的環境有很大的刺激性氣味，都會對茶的滋味產生影響，這樣的茶飲用沒有問題，除了茶的滋味受到影響，一般不會對健康造成危害。

第八章　記憶一點點沉澱—白茶的儲存

今年春天，托了一個福鼎的老朋友幫忙找老茶，頗費周折，找到一款十多年的銀針，價格且不論，但看那茶，卻是有了年分，聽著半真半假的故事，開始品飲，兩杯下去，我就如中毒一般，嘔吐不止，腹內還有陣痛，趕緊泡上私藏茶 2003 年老土茶，喝下濃濃的一小壺，頓時一切煙消雲散。讓我中毒的是白茶，為我解毒的還是白茶。白茶的儲存是白茶工藝的一個延續，同樣需要技術和方法，在某種程度上堪比萎凋和乾燥。讓我中毒的茶是嚴重受潮變質的茶，從沖泡時的高香就覺得有一點霉味，沒有想到茶葉變質得那麼厲害，有些茶友會用「一口封喉」來形容這樣的茶，一點都不為過。為我解毒的 2003 土茶，是很多年前收的一款菜茶，儲存得當，已經有了濃濃的藥香，品之甘甜綿軟，細潤而滑，藥香濃郁，可以反覆沖泡三十多次，茶味消失後繼而煮飲，又是別有滋味。可惜這茶，只有品鑑的量了。

關於存白茶的幾點建議

這兩年，白茶也興起了存茶熱，看到風起雲湧的存茶潮奔湧而來，我是有些擔心，擔心會重蹈當年的普洱覆轍，當時，普洱茶炒作極高，緊接著暴跌，一直低迷到數年後才有一些轉機。針對這樣的現象，對於個人存茶，我想提幾點建議。

首先，端正存茶的目的。茶，是用來喝的，絕不是投資的工具。當你需要茶為你獲得高額的收益回報時，請考慮它的風險，它的變現能力。總覺得，個人存茶量不宜太多，根據經濟條件和空間條件以及個人對茶的偏好來決定儲存的量。

有茶友跟我說他有一些錢，想用來買白茶存，說這樣幾年後白茶就可以增值，比其他投資保險。我就反問他，要是幾年後，白茶的市場和你想的不一樣，你怎麼辦，他無語了。因為他的存款只有這些。喜歡茶，愛品茶，都很好，可以買些來喝，也可以多買些存放看白茶一年和一年不一樣的變化，這是很有樂趣的事情。但是一旦買茶成了投資，希望有回報的時候，心態就會不一樣，喝茶就會喝到不一樣的味道。還有，不知道大家有沒有這樣的感受，世間萬事，大部分時候喜歡和人開玩笑，越想要什麼，什麼就不會有，一個人隨心而樂，無求於茶，茶便會一直隨你，如友如師。

再次，量力而行。也就是不要超負荷存茶，對自己的空間和資金情況有個客觀的估算，別買了茶，影響正常的生活。古代有人為喝茶傾家蕩產，倒是後來練成了品茶大師，可惜那時候沒有人發證給他，也沒有人雇用他，只能成為流浪的乞丐。無論怎樣，我都不主張這樣的偏執，茶是為生活添趣增彩的，茶的本意要人自然而舒適，感受天地之靈氣，品茶悟

157

世間之道理，若因茶而窘迫，便有悖茶性了。

　　最後，隨性而存。關於存茶，有人常糾結一件事，就是存哪種茶，是白毫銀針、白牡丹，還是壽眉呢？哪一種最適合存放，哪一種轉化更快呢？是存餅茶還是散茶呢？這些問題，在選擇茶過程中都會遇到。其實，存哪種茶都可以，關鍵是你偏愛哪種，壽眉和銀針各有魅力，幾年以後也是各有千秋，要是都喜歡，實在決定不了，建議可以參照自己的資金情況和實際儲存空間來定，要是喜歡存散茶，家裡空間不夠大，建議可以存少量的銀針，要是存茶空間充足，可以考慮散的壽眉、牡丹。選擇餅茶來存，一般也是考慮儲存空間問題，餅茶，相對散茶要節省空間。所以，存哪種茶，存哪類茶，最重要的隨自己的喜好，聽自己的，隨性而存。

第九章
滿地翠英，心落哪方
── 如何挑選白茶

「滿地翠英，心落哪方？」總讓我想到一個圖景，滿山的茶，滿山的綠，層層疊翠，茶香飄在山澗，飄在叢林，飄在茅屋前的空地，而心，隨之而起落，迷茫間，卻不知該定在哪片葉脈上⋯⋯

每年 3 月底 4 月初，白茶就會陸續粉墨登場，白毫銀針、白牡丹先出場，到 4 月底會有貢眉和壽眉出現，面對各種白茶，我們如何挑選就成了需要解決的問題。

其實，白茶品種不多，但是加入等級、產地、年分各種因素，一下子原本簡單的白茶竟然有些複雜了，增加了選購的難度。這裡，我們一起探討如何挑選一款心儀的白茶。

設定選購目的

這一點很多人不明確，你去挑選茶是為自己品飲用，還是為送禮用，或者只是漫無目的隨便逛逛，順便了解白茶當下的市場情況。這些在沒有挑選茶之前，最好有個明確的目標，買茶有針對性，不盲目購茶，買回去的茶利用性比較高，很多人買茶的時候，完全是衝動購買，回家後又不喜歡，束之高閣，可惜了茶，也浪費了銀子。

自己品飲：如果是為自己喝而想挑一款白茶，很簡單，只要從自身出發，喜歡的就好。針對白茶，若喜歡清新雅韻的就選白毫銀針；喜歡口感內容豐富的就選白牡丹；為人比較低調，對外形沒有要求的，口味偏濃一點的選貢眉和壽眉。

茶禮：對於作為茶禮之用，首先要搞清楚收禮之人喜歡什麼品種的茶，送朋友喜歡的才不辜負你精心挑選的茶。送禮茶可以分以下幾種情況：

第一，對方不太懂茶。建議分享自己喜歡的茶品就好，告訴對方，這一款茶你很喜歡，如果有必要，告訴他茶的身世，茶的口感，茶的滋味等等。

第二，對方常喝茶，也明白一些。這樣一定要挑一款對方喜歡的茶品，喜歡喝壽眉的別買銀針，對應的茶品裡，挑高級一些的茶，做到

心經壺

少而精，不要送太多，越珍貴的茶，量越少。

第三，不了解對方。可能只是初次見面，或者是一種商務禮儀所需，總之不很清楚對方情況。這時候可以挑一些外形光鮮的銀針作為茶禮，無論對方對白茶認知到什麼程度，都會喜歡的。其實送老白茶餅也不錯，團團圓圓的感覺，尤其在節日，送茶餅，很有吉祥的意味。

還有，送茶禮別忘了給茶配上相匹配的包裝。銀針要求雅緻一些，配青瓷罐或者本色的木頭盒子都是不錯的選擇；白牡丹的包裝選擇比較多，一般以紙盒和茶罐為主；壽眉一般會選用大一些的陶罐或者牛皮紙袋，再配一個質感不錯的牛皮紙手提袋，和壽眉的特質正好相合，沉穩不張揚。

代購：我這裡說的代購是指給朋友代買茶，沒有任何再銷售的意思。一般情況，都是朋友來家裡做客，碰巧喝到一款茶，想再買一點，這種情況不過是同樣的茶再購買。還有一種朋友很信任你挑茶的水準，指定好品種和價格，由你做主，這種情形，你就有責任嚴格把關，需要細細品，認真挑選。

出售：這種挑茶的目的是出售，所挑選的茶品一定要考慮你的客戶群他們的喜好和消費能力。不要一味地強調自己的感受，自己喜歡喝銀針，都進成銀針，品種容易單一；恰當的方法是中高低端茶品需要搭配和調劑，豐富自己的品種，讓茶品呈一個體系，當然需要重點突出，要有一個核心茶品。

掇球紫砂壺

收藏：可能這個「收藏」在這裡用表達得不是很貼切，應該算「存茶」，暫時不品飲，也不作其他用，不過想存幾年等茶口感好一些再拿來喝。追根到底，還是為自己品飲所需，所以，首先考慮的是喜好，確定喜歡什麼品種而後再確定數量。再次，以新茶作為備選物品，新茶，價格有優勢，還有在存放過程中，每一年的變化會給你驚喜；老茶，一個價格高，還有基本性狀比較穩定，後期的轉化不會那麼明顯。最後，是量的選擇。是購買一件貨還是六公斤貨，都因個人的情況而定，別因茶而累，量力而行最好。

按照品種來選

要了解白茶的品種。首先要了解白茶的三個品種，白毫銀針、白牡丹、壽眉（貢眉），它們口感滋味由輕到重，外形也由齊整到雜亂，由芽到大葉，如果喜歡在品味的同時還要觀形，那建議選擇銀針和級次高一點的牡丹，如果只是選擇一款平時隨意品飲用，就選擇壽眉，外形不很惹眼，但確是不錯的好茶，滋味濃厚而功效不俗。品種的挑選依據各人的喜好而定，沒有特別的規矩，單芽的銀針和如秋葉一般的壽眉各有特色，就如瓷器和粗陶一樣都有自己的個性，喜歡的就是自己的茶了。

要了解自己的喜好和品飲方式。有些人看看這個也喜歡，那個也不錯，這個時候就需要做一個選擇。看自己喜歡淡味的多一些還是重味的多一些，喜淡味的挑銀針，喜歡重味的挑年分久一點的壽眉。實在想不清楚，看看自己平時泡茶的地點和方式，要是多在辦公室沖泡，建議喝牡丹，要是經常在家裡沖泡，而且有一整套的茶道組，哪一種茶都可以選擇了。

品茗杯

按產地來選

了解福鼎白茶和政和白茶的差別。濃烈而霸氣的政和白茶，柔美而甘甜的福鼎白茶，它們的外形差別就很大。政和的茶，就白毫銀針來說，葉莖比較長，茶形顯得修長，銀針較福鼎的要瘦一些，福鼎銀針外形比較肥壯，芽短，這一點比較好分辨。政和的白牡丹和福鼎的白牡丹，要是相同年分，政和茶要顏色深一些，這和加工方法有關。沖泡後政和茶回甘快，滋味濃烈，泡久了會有澀味，泡開後的熱香對嗅覺的衝擊更強烈，而福鼎茶沖泡後的熱香要顯得溫和很多。現在由於大部分人對福鼎茶和政和茶分不太清楚，造成白茶市場的混亂，由於福鼎的茶市場價格略高於政和茶，很多商家就把政和茶當福鼎茶賣，甚至於有些福鼎白茶餅也將政和茶料拼配進去。這些在購買時茶友要注意。

按等級來選

挑茶不僅分清品種還要自己分辨級次，因各個廠商定的標準不同，分級的標準也不同。

白毫銀針。一般單芽為銀針。銀針分級的標準不是很明確，一般按照採摘的肥壯程度和雜質的含量來分優劣。挑選銀針時，看白毫的密實程度，芽頭的肥壯程度，再看淨度，也就是茶裡面有沒有雜質。現在有人打出「太姥銀針」的概念，實際上就是白毫銀針，品級相對高一些。

政和白茶（左）　福頂白茶（右）

白牡丹。白牡丹按照含芽量分為特級牡丹、一級、二級、三級牡丹，級次越低的牡丹，芽頭越少，葉形越老，葉的含量越高，還有採摘時間也越晚。

貢眉。貢眉近似於低級的牡丹，理論上分為一級貢眉、二級貢眉、三級貢眉、四級貢眉（壽眉），但是現在一般也用原料較差的大白茶作為原料。四級貢眉也稱為壽眉。貢眉的外形特點是一芽二三葉，有嫩芽、壯芽，品質僅次於白牡丹。

壽眉。壽眉一直到白露都可採摘。一般按照採摘批次來分，壽眉可分為春茶、夏茶和秋茶；也有按照節氣來分，叫二春茶、三春茶、白露茶；也有按照生長環境來分，分為有機壽眉和常規壽眉。辨別的方法就是要喝，看外形很難鑑別有機壽眉和非有機壽眉，有機壽眉滋味足，耐泡，香氣高；而非有機壽眉滋味薄而淡，香氣低沉。

新茶、老茶的選擇

　　白茶的挑選不僅有新茶和陳茶之別，更有年分的差異，也就是說有當年茶、三年茶、五年茶之分。年分對於挑選白茶來說也是至關重要的，不同年分的茶茶色不同，口感不同，還有價格也有很大差別。茶友不要被年分牽著走，問自己是否真的喜歡有年分的老茶嗎，你是喜歡有年分的茶，還是喜歡年分茶背後的故事，都值得思考。年輕的茶清香甘甜，老茶醇厚有韻致，在我眼裡，每一款都很好，按照自己的喜好和身體的狀況選一款適合的茶，這是很重要的。對於年分的鑑別在老白茶一章已經有詳細的敘述，這裡再歸納概述新老白茶的特點。

　　新茶的特點：乾茶色澤灰綠或翠綠，葉背有白色絨毛，葉張細嫩，鮮嫩純爽毫香顯，湯色清澈橙黃，滋味清甜，純爽，毫味足。

　　三年老白茶的特點：總的說來，三年的白茶散茶呈深灰綠色，近似於淺褐色，葉片完整，白毫不顯，開湯後茶葉的顏色會呈暗綠色，湯色澄清金黃，滋味甜爽，有蜜香。三年餅茶的特點：乾茶的顏色呈淺褐色，開湯後葉底的顏色為灰綠色，湯色橙黃透亮，香氣有蜜韻，滋味甘甜，略顯醇厚。

　　七年以上老白茶的特點：散茶，前期在福建存放，近三年在北京存

放，這樣的茶乾茶色呈灰墨綠，條索清晰，略顯乾瘦，有風乾的感覺；開湯後，茶湯色為橙紅色，香氣有濃郁的藥香，滋味有陳韻，甘醇而厚濃；茶底的顏色呈油亮的墨綠色，能沖泡十五泡以上。餅茶，要是存放七年後，你會發現餅形多少會有些鬆散，緊實度隨著時間增長而慢慢降低，直接的感覺是比較容易撬茶了；乾茶色一般呈褐色，條索清晰；開湯後，茶湯的顏色為橙紅色，有濃濃的藥香，蜜甜味很顯著，湯潤滑綿軟，十多泡後仍有餘味。

以上這些特點由於沒有將茶品和存放進行細分，所以說的比較籠統抽象。比如，茶毫，不管存放多少年的銀針，只要沒有人為的加工，茶毫一定會在。還有，老白茶有個共同的特點就是茶湯油亮，年分越久湯色越亮，它們還有個共同的特徵就是很耐泡，十泡以上滋味一點不減，泡完後，還可以煮飲。市場上目前出現很多拿新工藝白茶來冒充老白茶的，大家要提防。一看乾茶，老白茶是灰綠或褐色，新工藝做出來的茶顏色深，近似於黑色；還有看湯色的油亮度，新工藝白茶由於揉撚發酵，出來的湯不會很透亮；再看耐泡度，老茶耐泡程度比較高。

購茶地點的選擇

　　茶和絕大部分商品不一樣，購茶是一種體驗式消費，挑選茶的過程就是一個品鑑茶的過程，買茶的過程猶如一次茶會，約幾個好友一同前往，聽茶老闆說茶，和朋友一同品茶，這何嘗不是一期一會呢。很多年以前，我會把購茶當做一種自我放鬆的方式，騰出一天的時間來買茶，在

茶莊裡閒逛，滿眼都是茶，自己沉在茶香裡，腳步不由得放慢，每一次呼吸也靜深下來，思緒變得虛無，都說茶是空氣淨化器，在我看來，茶更是心的淨化器，和茶相處久了，人也有了茶味。

　　我有個朋友，是法國人，工作很忙，可是過一段時間就會來買茶，品種沒有變化，但是每次都要自己過來，我說要是忙，快遞就好了，不需要親自過來的，他看著我直搖頭，不，一定要來，這是他的喝茶時光，放鬆的時刻。我是明白了，購

新（左）、老（右）牡丹茶湯對比

茶，原來是一次旅行，放飛自己的旅行，借著購茶的名義，享受奢侈的喝茶時光。

既然購茶就是一次不期而遇的茶會，那麼地點的選擇就要慎重了。

白茶專營店：這是一般買白茶人的首選。這樣的專營店裡品種齊全，各種等級都有，可供選擇的範圍較廣，若有幸碰到老闆，還可以多了解白茶的知識和相關茶的資訊。

特色茶葉店：不知道我的表述是否準確，應該稱為「品味」茶葉店或者叫「個性」茶葉店。這樣的店有個共同特點，裝飾裝修很別致，有很鮮明的店老闆個性 —— 喜歡字畫的屋子裡多是字畫；喜歡繡品的，牆上掛了各樣的繡品；還有喜歡攝影旅遊的，除了旅遊時的留影隨處可見，很多角落還擺著有故事的物品⋯⋯這樣的店傾注了店主的心血，店就如同家，每一款茶品都是精心挑選回來的，我稱為分享茶品，若稱為商品，有些不太貼切。這樣的店很有意思，

店內可能各種茶都有，但是每一種茶都很特別，而且這樣的茶葉店喝茶環境一般既溫馨又別致，坐在那裡喝茶，如同到別人家做客，可以賞器，可以品茗，還可以聽老闆講他選茶的經歷。

白牡丹三點六公斤大餅

產地：一般大宗購貨會推薦去產地，但是需要提醒的是，去產地貨品不一定有你家門前茶店的貨品好，價格好，很多事情要辯證地去認識。若以旅遊為目的順便購茶的，那是必須要去產地。無論是福鼎還是政和，都是風景優美，山水有色，去產地看看白茶的出生地也是不錯的選擇。

資深茶人購茶店：請一位資深喝白茶的茶人，帶著你去購茶，這樣的

第九章　滿地翠英，心落哪方—如何挑選白茶

喝茶人一般都會有幾個固定買茶地點，他們不僅對所在茶店的茶品熟悉，一般還和老闆熟識，所得資訊量比較大。由這樣的資深喝茶人帶著，對於剛買茶的人來說也算走個捷徑，省去很多自己挑選茶的彎路。有人帶著喝茶，在我看來是很幸福的，有老友相伴，有茶友同行，一起品茶，一起聊天，還有很多意外的收穫，這正是我們的期待。

挑選白茶可能會出現的錯誤

安吉白茶當做白茶

白茶和安吉白茶，這兩個看似相關又不相干的茶常常被攪在一起，近兩年白茶越來越熱，安吉白茶也順勢

而趨。經常有茶友到我這裡來說，最近收到一份白茶禮，說如何如何昂貴，我就想，新的白茶貴的不過每斤數千元左右，便宜的也就每斤幾十元，再聽他說，三泡就無味了，才明白，我們說的不是一種茶。他說的是安吉白茶。

安吉白茶和白茶之爭早在宋朝就有這方面的記載，宋徽宗《大觀茶論》裡的白茶，按照描述，應該就是發生基因突變的安吉白茶，茶葉偶然出現白化現象，有了安吉白茶，這茶

確比一般的茶氨基酸含量高，鮮爽度也高，於是成了難得的珍品，自然身價百倍。都說《大觀茶論》的「白茶」為現代意義的白茶，實在是有些不實。

下面我來說說安吉白茶和白茶的差別所在：

加工方法之別我們知道，白茶和綠茶的劃分依據是製作方法，我們看看安吉白茶的加工流程：鮮葉採摘 —— 攤放 —— 殺青 —— 理條 —— 烘乾 —— 保存，很明顯安吉白茶是一款半烘青半炒青的綠茶，因為它有綠茶的核心工藝「殺青」，順理成章歸為綠茶之列。白茶的工藝不過萎凋、乾燥，這樣看來它們的差別已經很大了。

產地之別

安吉白茶的產地在浙江的安吉，屬於浙北，一個盛產竹子的地方，以至於安吉白茶的形狀也有竹葉的樣子，第一次見安吉白茶我就以為是將竹葉摘下來晒乾所得呢。白茶的產地主要在福鼎和政和，屬於福建省，其他地方也有白茶的生產，比如雲南、廣西也有少量的白茶生產。

外形、滋味之別

白茶的樣子從優雅的銀針到粗枝大葉的壽眉，形狀不一，色澤斑斕，鮮爽甘甜；而安吉白茶，茶形挺直，如被揉撚過的竹葉，青翠碧綠，滋味鮮爽，甘甜而生津，有淡淡的豆香。

安吉白茶

沖泡方法之別

白茶的沖泡方法比較隨意，紫砂壺、蓋碗或玻璃杯均可，水溫要90℃左右，而安吉白茶用綠茶的沖泡方式，水溫85℃，一般用杯泡下投

法沖泡。

儲存方法之別

白茶的儲存方式，需要密封、避光、常溫即可，可以長期存放，白茶，可以品「陳味」。而安吉白茶，需要密封冷藏存放，打開封袋盡量在一個月內喝完，所以安吉白茶品的是一個「鮮味」。

茶品和茶類之別

白茶和安吉白茶在某種程度上是沒有可比性的，這是一種類別和品種的概念混淆。白茶是六大茶類之一，而安吉白茶屬於綠茶類，為一個具體品種，而白茶的具體品種有白毫銀針、白牡丹、壽眉。

新工藝白茶當做老白茶

新工藝白茶由於在加工過程中加了揉撚發酵工藝，所以乾茶顏色呈淺褐色，單看茶色以為是存放了很久的白茶，但是只要你注意觀察乾茶的茶形，就會發現端倪，新工藝有揉撚的工序，所以茶條呈緊結的條狀，而不是新工藝的白茶茶形自然舒展，沒有揉撚的痕跡。就怕做成茶餅，辨別起來就有難度了，在蒸壓過程中，茶形都會有變化，需仔細辨認，才能看出葉片的不同。從茶湯的顏色上，也能進行分辨，老白茶的茶湯橙紅油亮，而品級高的新工藝白茶的湯色為橙色，基本沒有亮度，只可用清澈才形容。通過香氣也比較容易辨別，老白茶的香有很重的藥香，但是新工藝白茶為板栗香，品級茶的新工藝白茶有烘焙的火味，粗老氣比較重。二者葉底的區別也很大，散老白茶沖泡後的葉底，呈墨綠色，而新工藝白茶沖泡後的葉底呈褐色。

從乾茶、沖泡湯色、香氣、滋味，還有葉底，只要用心去辨別，就能分清楚新工藝白茶和老白茶的差別。

白茶的霉味當做沉香

在南方存的白茶很容易有發霉

變質的味道，這和茶葉放久後的沉香有本質的區別。霉味是一種刺鼻的氣味，是茶葉變質的令人不舒服的一種氣味；沉香沒有刺激性的氣味，是一種久遠的味道，淡淡的塵土氣，像是從很久以前帶過來的。需要仔細聞，才能辨別出來。

老白茶（右）和新工藝白茶（左）的對比

老白茶（左）和新工藝白茶（右）的湯色對比

政和白茶當做福鼎白茶

在前面已經說過這兩個產地的差別，這裡就不再贅述。對於不同產地的茶品，確是需仔細辨認，從乾茶到滋味，尤其滋味區別很明顯。僅區分外形有時候還不是很準確，以銀針為例，是很容易和福鼎的茶混淆的。尤其是和福鼎的菜茶相混淆，菜茶的銀針芽頭也比較瘦，但是沒有政和茶那麼修長，所以單看銀針，身材修長的是政和茶，肥壯的是福鼎大白茶銀針，身材較小的是福鼎菜茶銀針，菜茶銀針每年產量很少，算是稀有物。

野生茶、有機茶、高山茶、土茶，概念混淆不清

野生茶，準確的應該叫作野放茶，多年以前，也是人工栽培，但是年久不採，任其生長，一般生長在不好採摘的地方，其成茶的芽頭比茶園的要大，口感更豐富。但是採摘比較困難，所以每年量很少。

有機白茶，是指原料來自於有機白茶茶園，這樣的茶園應用茶園內部生態系統自身協調平衡的原理，從而達到茶園的良性循環，不用灑農藥和施化肥。有機茶茶園的要求很高，對灌溉水、大氣環境以及土壤都有具體標準要求。有機茶，便是在這樣近乎原生態的環境下生長，所以滋味口感都符合高標準的要求。有機茶從外形上很難分辨，主要分辨的方法就是喝，有機茶相對於非有機茶耐泡，以 2014 年有機壽眉為例，十泡有餘香，便是有力的證明。

高山茶，也就是生長於地勢較高區域的茶，一般認為，在福建被冠為高山茶的，海拔在 500 公尺以上，福建總體地形為丘陵地貌，和雲南不同，所以高山的概念自然也就和雲南的不同。高山茶的口感要甜一些，也是比較耐泡，湯色會比海拔低的茶清亮。

土茶，也就是菜茶，當地人稱為土茶，也稱小土茶，都是一種茶，一種有性茶樹種，栽培歷史悠久，但是漸漸要被歷史淘汰。在第二章樹種的介紹裡詳細地介紹了菜茶，這裡就不多敘了。

茶園茶（左）和野生茶（右）

我的挑茶觀

挑選茶，經過層層的把關，選定了品種、產地、級次、年分、地點，最後喝到一款茶，重要的還要問自己的感受，嘴巴和鼻子的感覺，喉嚨和身體的感覺：是否兩腮生津，是否有喉韻，是否腹部有溫暖感，是否後背微微有汗，而不是一口喝下去，覺得有香有甜就好。「用身體來喝茶」，這樣的喝茶理念我一直很認同，身體的感受才能直接評判一款茶的優劣與否，很多的外在感受可以偽造，但是經過身體的精密儀器的檢測，它是什麼樣的，才精準。

一直認為，喝茶在很大層面上，主觀的感受要大於客觀的評判，專業的評價在「喜歡」面前，顯得蒼白無力。這是味蕾傳遞給中樞神經後引起的興奮，而後觸動心底的弦音，讓人生出感動，生出記掛，生出懷舊。還是 2007 年的事，有一次到一家茶店喝茶聊天，無意中品到了一款老白茶，說不出來的香和韻，兩天都在口腔裡縈繞，兩日不知飯味，我不是在誇張，可惜那茶沒有多少，求店主讓給我一些才解了心裡的記掛。還有一款，我稱為「心靈之茶」的散壽眉，看上去，色很雜，灰濛濛的樣子，有葉有梗，常常被人稱為「秋天的落葉」，但是這麼多年，無論到哪裡我都會帶著它，到了異地，泡一壺來喝，有了這茶香，會覺得很安定，瞬間一切變得從容而有序。

所以，在購茶過程中，除了理性的分析和選擇外，要順從自己的心意，要讓自己心情順暢，你帶回去的茶才會如友、如伴。這茶不僅是一款健康的飲品，也是一種修行的道具，喝茶品味，品世間百味，品人生百味，喝茶悟道，悟萬物之道，悟萬事之道，「茶禪一味」是用心品茶後的結論。

茶湯對比圖，從左至右分別為十二年牡丹、五年牡丹、兩年牡丹

第九章　滿地翠英，心落哪方—如何挑選白茶

附錄

品會記 —— 白茶修習

一覺醒來，窗外還是黑漆漆的，努力說服自己要用夢妝點已有秋寒的夜，翻轉了很久，還是起來泡一杯老白茶，和夜融在一起。撲鼻的蜜甜香，暖暖的茶湯，一路的舒暢到臍腹。深夜，捧一杯暖茶，心底有些感動，為這樣的幸福而這樣的幸福，卻會伴著茶香時時襲我，滿口的回甘帶著我回到週五的白茶修習茶會，一刻難忘的幸福時光。

八人泡同一款茶，2013 年的有機壽眉，一個白瓷蓋碗，一個公杯，一個燒水壺，如同作畫前所備的紙墨筆，而八個人便是畫師，潑墨那晚的茶香。在記憶裡珍藏那八卷畫軸，今夜，且讓我一卷卷鋪展開來。

第一幅，福建的山水畫，講述那春天壽眉的氣質，甘甜細膩，如同福鼎的山泉水，靜靜地流淌，然而沒有著色，容易被人忽略卻是山水間的那脈細流第二幅，是一幅長卷，如寫意的人生，從烈性的苦澀到甘甜，又到如水的淡泊，是從年輕到年老的詮釋，我們只是靜靜地品味，品味那一刻的變幻，泡茶人與我們娓娓敘談泡茶的心境，品到苦澀繼而甘甜後的喜悅，他是北方的男子，深意蘊在茶裡。

第三幅，是一幅早春圖，嫩嫩的葉子，青澀得如同害羞的女孩，好奇心讓她想張望這世界，然而又怕怯怯的，緊緊張張，茶湯的滋味開始很濃，滿滿地衝擊口腔的味蕾，然而後幾泡，卻是文靜得讓人懷疑不是一款茶，且每一道都春意盎然。泡茶人初用蓋碗，局促寫在臉上，一襲白衣和白碗相映成白茶的清麗。

第四幅，是有新芽的虯枝，蒼勁而不失柔美。卻說有沉香水的味道，我倒聞到了老樹的木香，沉沉的。事實上，她把這茶像似換了個地方載種，將福鼎的茶移植到政和，稱奇的同時心裡也覺蹊蹺，怎會有這般茶味。細看泡茶人，一位外剛內柔的姑娘，齊耳短髮下有一雙凝神的眼，她用自己來解釋茶味。

第五幅，是綠草地上的一叢花兒，不大的花朵卻花香濃郁，久不散去，花的顏色是紅色，也有紫色的，為春天獻禮。他把壽眉泡出白牡丹的味道，蜜甜香在口腔內持久不散，回甘如泉。這茶是讓壽眉裡不多的毫盡情散發它的香甜，我以為是拿錯了茶，可看看，確定是壽眉，壽眉的這般姿彩在我的意料之外。泡茶人來自浙江，內斂而含蓄，文質彬彬透著書香。

第六幅,是春日牡丹圖,滿嘴的甜,如同開滿的花,在舌面綻放,陽光灑在花上,花兒的臉已經笑成粉紅,甜甜地伴著花的味道,一直留在記憶裡。我只知道,曾經有這樣的女子,讓壽眉綻放得如此甜美,她的內心也一定充滿歡笑和喜悅,珍藏這感覺,如同撿著了珍貝。泡茶的女子,潤澤而甜美,即便嚴肅的時候也像含著笑。

第七幅,山石圖,岩石間有藤木,山間靜靜流淌著跋涉千里的雪融水。茶裡有老木香,沉著而冷靜。而後幾泡又出現草葉香,不是很甘冽的甜,淡淡的如同講述幾個人的故事。泡茶的女子頗有才氣,對茶也有獨到見解,常常徜徉在希翼的崖邊,等待山邊的朝霞。

第八幅,倚門織錦圖。秋風漸起,落葉繽紛,她不急不慌為家人織布,棉花早已經備好,只要布匹織好,便可以為他們裁衣、縫製,不過是年復一年的事情,從容得如同日起日落,這是壽眉的味道嗎,沒有起落,一杯茶,甜絲絲的,淡淡的香,細品,溫暖如同回到多年前的老宅,穿著媽媽親手做的棉衣。泡茶的是一位質樸的姐姐,平日的她,幸福的來源就是身邊人的快樂,每每想到她,生一種由衷的暖意。她的茶裡有老白茶的韻。

白茶茶會開過多次,這麼認真地記錄下來,還是第一回,心底希望這晨曦為我開啟一天的明媚。

水融茶

對於每一次的感慨要是變成文字，怕是只到嘆息之時，這個毛病恐是一生相隨了。

那日下午，文竹泡茶，2007年的白牡丹，一款簡單的可以隨便沖泡的茶，無非毫香，無非回甘，無非芽葉翻飛，演一場非凡的舞劇，然那日，不同。

我們圍在桌子邊，依然談笑，聊閒話，說些家常之類的辭令。文竹靜靜泡茶，沒有聲響。

「姐，請用茶！」文竹悄聲說到。「好。」不經意回答，依然說著我們的話題。

順手端起杯子，小啜一口，心內一驚，這是什麼茶，怎麼有這等滋味？仔細又抿了一口，放在嘴裡仔細含著，心裡暗想，怎會有湯的感覺？綿稠有度，水中有韻，滑、軟、甜、淡香盡含其中。這牡丹在這裡已經三年有餘，卻不知道有這等香韻，看來這茶還要看是怎樣的人來喚醒了。

文竹姑娘，氣質嫻靜，樸素亦如剛抽的芽葉，天成而就，本是滿族人，又多了份滿族女孩的內斂和矜持。可能只有她才可以恰到好處地喚醒她們，讓她們在水中自由舒展。

附錄

　　前些時日，還有茶友過來討論湯
和水的差別，於是仔細分辨，終於認
定那些濃烈的、澀口的、苦味的為
湯，這時方知道，這湯也該是香甜、
順滑之物，在嘴裡含化，有不忍吞咽
之感，怕這甘甜的湯下去就再也喝
不到了。很少這樣喝一款茶，這麼小
心，這麼戀戀不捨。

　　今日想起來還是清晰可辨那日的
感覺，水可融茶，化之為韻。

　　於是問，這水融茶，可也是茶
融水呢。

勝景圖 —— 與麗萍飲茶

認識麗萍可能兩年有餘，也可能沒有。人哪，認識久了，熟了，倒會忽略某年某月某一天的相遇，今兒想記下點兒什麼，仔細想還是記不清。

只記得第一次見她，她從茶韻榖帶走了幾隻手繪的青花杯，和一個差一點被我丟棄的小竹簾，她從一堆的雜物下抽出小竹簾，直說顏色好，正在找這樣的色，被茶水沖刷兩年多的顏色，是一種陳舊的茶色。抬眼看

她，一臉的欣喜，光潔的額頭被垂下來的黑髮籠著，衣色沉著。心念，一個愛茶的人。

後來她有空便來喝茶，海聊，一起分享所得。和她喝茶是休息。

每每品得一款好茶，她會微微抬頭閉目盡享茶味，看似有些醉態，這時候我總覺得她已經羽化為仙子，飛到那山那水中，吸那裡的茶香，那裡的水氣。「一甌解卻山中醉，便覺身輕欲上天」，是她嗎？

這個週末，我們又聚到一起，品飲今年的白毫銀針。今年的茶本來稀少，品質又不似往年，能得一款好茶值得慶幸，自然要和她一起分享。

今得的這銀針是福鼎太

185

姥山上的茶，如書上所描述，身披白毫，如銀似雪，絕不是虛言。根根肥壯，白毫深處還透著淡淡的綠，茸茸的有些像初結的桃。用茶荷托著她時，如珍寶。銀針已經跳入杯中，等待與山泉共舞。我們緊盯著，怕她飛出來跑了似的，盼著水快些晾涼，這白毫銀針若想得仙香氣，水溫不能太高，80℃到85℃即可。注入的泉水如從山上來，潺潺如溪流貼壁入杯，銀針雀躍，如春天的小姑娘，在歡騰，上上下下地翻舞，好一會兒，慢慢都靜下來，舒展身姿，水裡有了她們的女兒香，淡淡的兒時味道，也已經充盈在我們周圍。

湯色還是淺黃色，近似無色，水裡飄著很多細細的茶絨，是春天的天空吧。

麗萍一直屏聲靜氣欣賞，看似有些兒離開茶桌了。

「請用！」在她的杯中倒上半杯茶水，喚她回來。

一不留神滑進一根銀針，在白瓷杯裡，一個芽兒靜靜地臥著，如水中的一葉舟。

「就是這味，我知道！」我低語道。「什麼味，你倒是告訴我。」麗萍有些迫不及待，追問。

「從山上剛採下的鮮葉，還沒有退盡露水，呼吸中有清香，嘴舌含著甜，這時候人會覺得是在天上。」頓了一下，端杯道：「這一杯茶，就像將這些清香收攏來化在裡面，我們喝下去，又像融到血液裡。」我絮絮叨叨，對面那人早就抬額閉眼遊山去了。我不驚她，由她去。

「我聞到奶香了，是少女的味道。」她幽幽自語，囈語呢。

接道：「是十五六的少女吧！」這斷斷續續的對話時而朗聲，時

而低語，其趣怡然。

古日，一人飲茶為幽，二人飲茶為勝。然，今得勝景矣。

附錄

後 記

　　不到兩個月的時間，完成了初稿，感覺像經歷了一場戰爭，打字是戰爭的內容，擁堵的途中，茶莊，醫院，還有書桌，都是我的主戰場。長長地吐了一口氣，卻沒有釋懷的感覺，覺得倉促的結果多少有些粗糙，文字也是蜻蜓點水般，有些不儘然之感，末了便用一句「不完美才是完美」的另一種表達來為自己開脫。

　　要寫一本專門的白茶書，幾年前便有這樣的念頭，一直沒有完成，理由都是人為的。今年 9 月的一次偶然，在我的白茶會與賴編輯相識，說要做一套六大茶類的叢書，但是書稿要得比較急，當時想著原有發表的兩萬字白茶文作基礎，應該不是難事，就欣然應允，後來的事就不隨人願了，新店裝潢，住院，家人生病，各種繁雜事情鋪天蓋地，就是不讓我坐下來好好地梳理文字，真希望生命跳過這段時間，每天的事情安排都需要四十八個小時，漸漸也學會了一種短暫的休息方式，兩個小時，半個小時甚至於十分鐘都可以。媽媽來看我，見我忙得沒時間休息，就心疼。我便安慰她，告訴

後 記

　她，大紅袍的生長環境，不過是懸崖石縫間，卻有奇香。而縱觀中國名茶，大部分都不是養尊處優的，可又恰到好處地得天獨厚，一邊安慰媽媽，也安慰自己。

　　說到寫白茶，猛一看沒什麼可寫，產地固定，品種簡單，工藝也少，也無太多歷史可考，可是要論起具體的茶品卻是幾天也說不完了，白茶的魅力是看似簡單的深處，卻有無窮盡的奧祕，隨處還會給你驚喜。我總是覺得，很多東西無法用文字表達，需要自己去感受，比如品茶的樂趣，比如茶韻，比如聞香後的愉悅感，都不是可以用文字能表達清楚的，故而，在蜻蜓點水般的白茶文裡，只希望諸位隨我先坐下來喝一杯白茶，然後各人品味，各人品香，自然心裡有後論。

　　其實在書稿的準備過程中，最艱難的是圖片，來不及準備太多的茶園圖，多是前些年所拍，也有熱心的茶友提供。總覺得圖片不夠用，請了好幾個朋友幫忙拍攝茶圖，所以風格各異，卻都盡力把茶表現得唯美，所見茶圖要麼一塵不染，要麼光影交織，如夢如幻，在書裡都能見到，在此一併感謝王琪、劉兆生和宋鑫茶友，謝謝他們為我拍圖，更要感謝李福惠老師的鼎力相助，以及閻希姑娘提供重要的茶園圖片。

　　不說閒話了，還是有空一起喝杯茶吧。

白茶
淡香清韻，乃茶中隱者

作　　者：秦夢華

發 行 人：黃振庭

出 版 者：崧燁文化事業有限公司

發 行 者：崧燁文化事業有限公司

E-mail：sonbookservice@gmail.com

粉 絲 頁：https://www.facebook.com/
　　　　　sonbookss/

網　　址：https://sonbook.net/

地　　址：台北市中正區重慶南路一段六十一號八
　　　　　樓 815 室

Rm. 815, 8F., No.61, Sec. 1, Chongqing S. Rd.,
Zhongzheng Dist., Taipei City 100, Taiwan (R.O.C)

電　　話：(02)2370-3310

傳　　真：(02) 2388-1990

印　　刷：京峯彩色印刷有限公司（京峰數位）

國家圖書館出版品預行編目資料

白茶：淡香清韻，乃茶中隱者 / 秦
夢華著 . -- 第一版 . -- 臺北市：崧
燁文化事業有限公司 , 2021.12
　　面；　公分
POD 版
ISBN 978-986-516-958-9(平裝)
1. 茶葉 2. 製茶 3. 茶藝
434.181　110019594

電子書購買

臉書

定　　價：450 元

發行日期：2021 年 12 月第一版

◎本書以 POD 印製